Sittauer · James Watt

1 James Watt (19. 1. 1736–19. 8. 1819)

Biographien
hervorragender Naturwissenschaftler,
Techniker und Mediziner   Band 53

James Watt

Stud.-Dir., Obering. Hans L. Sittauer
Altenburg

3. Auflage

Mit 13 Abbildungen

Springer Fachmedien Wiesbaden GmbH 1989

Herausgegeben von

D. Goetz (Potsdam), I. Jahn (Berlin), H. Remane (Halle),
E. Wächtler (Freiberg), H. Wußing (Leipzig)
Verantwortlicher Herausgeber: E. Wächtler

Sittauer, Hans L.:
James Watt / Hans L. Sittauer. – 3. Aufl. –
Leipzig : B. G. Teubner, 1989. –
135 S. : 13 Abb.
(Biographien hervorragender Naturwissenschaftler, Techniker und
Mediziner ; Bd. 53)
NE: GT

ISBN 978-3-322-00696-7   ISBN 978-3-663-12183-1 (eBook)
DOI 10.1007/978-3-663-12183-1

3. Auflage
VLN 294-375/117/89 · LSV 3008
Lektor: Dr. Hans Dietrich
Gesamtherstellung: Elbe-Druckerei Wittenberg IV-28-1-2085
Bestell-Nr. 666 038 9
00680

Inhalt

Wissenschaftlich betrachtet, ist noch jede Erfindung von den
Bedürfnissen ihrer Zeit abhängig, was mit anderen Worten
nur heißt, daß jede Erfindung ihre lange Vorgeschichte hat.
Erfindungen können der geschichtlichen Entwicklung einen
mächtigen Anstoß geben..., aber jede Erfindung wird ihrerseits durch geschichtliche Entwicklung gereift... Und am we-
nigsten verliert dadurch der Ruhm der großen Erfinder, die
ein großes Bedürfnis ihrer Zeit in einer für alle Folgezeit
epochemachenden Weise zu befriedigen gewußt haben.

Franz Mehring

Zur Vorgeschichte der Dampfmaschine

James Watt, von dem die universell einsetzbare Kolbendampfmaschine zur Praxisreife entwickelt wurde, hat – gleich den
Schöpfern anderer bedeutender Erfindungen – eine Reihe von klu-
gen Erfindern als Vorläufer, von denen jeder in mühevoller Kleinarbeit einen mehr oder minder wichtigen Baustein zum endgültigen
Gelingen der Erfindung beitrug. Deshalb gebietet es die Achtung,
zunächst die Verdienste der wichtigsten von ihnen zu würdigen.
Im Lauf der zurückliegenden nahezu zwei Jahrtausende wurden
unzählige Versuche unternommen, um „mit Hilfe des Feuers" das
Arbeitsvermögen des Wasserdampfes zu nutzen. Schon in der
Spätantike waren die motorischen Eigenschaften des Wasserdampfes bekannt. Bereits der bedeutende altgriechische Mathematiker
und Physiker Heron von Alexandrien entwickelte wahrscheinlich
im 1. Jahrhundert (genaue Datierung nicht möglich), als man noch
glaubte, daß „Dampf nichts anderes sei als Luft, die durch Feuer
aus dem Wasser erzeugt wurde", einen mit Rückstoß arbeitenden
Reaktionsball, um die kinetische Energie des Wasserdampfes zur
Erzeugung einer Drehbewegung für eine technische Spielerei zu
benutzen.
Eine weitere Station auf diesem Wege stellen zweifellos die erfinderischen Bemühungen des genialen italienischen Malers, Gelehrten und Ingenieurs Leonardo da Vinci dar, der den Entwurf eines
Zylinders hinterließ, in dem Wasser zum Verdampfen gebracht

und anschließend mittels Dampfkraft ein Kolben bewegt werden
sollte. Allerdings war dieser vielseitige Erfinder damals völlig
außerstande, einen solchen Gedanken praktisch zu verwirklichen.
Ihm folgte 1629 der italienische Gelehrte und Baumeister Gio-
vanni Branca mit seinem „ungewöhnlichen Motor", bei dem der in
einem Gefäß erzeugte Wasserdampf als starker Strahl gegen die
Schaufeln eines Rades mit senkrechter Achse strömte und auf diese
Weise einen Bratspieß in drehende Bewegung versetzte.

Allerdings lag für alle diese erfinderischen Gedanken in einer
Gesellschaft, deren Produktivkräfte noch ganz auf den Einsatz
von Muskelkraft ausgerichtet waren, kein Bedürfnis vor. Damals
waren weder die ökonomischen Bedingungen noch die praktisch-
technischen Fertigkeiten und wissenschaftlich-theoretischen Erkenntnisse über das Wesen des Umwandlungsprozesses der Energie
gegeben, um derartigen technischen Prinzipien Gestalt geben zu
können. Im übrigen führte auch in der Folgezeit die Entwicklung
der Dampfmaschine weder von Herons Dampfreaktionsball noch
von Brancas Dampfrad, diesen Urbildern unserer modernen
Dampfturbine, weiter, so einfach deren Arbeitsprinzip auch war,
da es bei dem allgemeinen Stand der Entwicklung noch an den
Möglichkeiten für eine technische Verwirklichung größeren Stils
fehlte. Sie führte vielmehr unter Umgehung des in seinem Wesen
noch nicht erforschten Wasserdampfes zunächst zum Bau der „Luftdruck"-Kolbenmaschine, die eine hin- und hergehende Bewegung
hervorbrachte.

Nachdem der italienische Mathematiker Evangelista Torricelli im
Jahre 1643 das Vorhandensein des atmosphärischen Druckes entdeckt hatte, erbrachte der Magdeburger Bürgermeister und Physiker Otto von Guericke durch einen praktischen Versuch den un-
widerlegbaren Beweis, daß man den Druck der atmosphärischen
Luft im Wechselspiel mit dem Vakuum technisch nutzen kann. Das
geschah in der Weise, daß er mit Hilfe der von ihm erfundenen
Luftpumpe einen bronzenen Zylinder „evakuierte", um danach
den Kolben unter dem Luftdruck mit großer Kraft in den luftverdünnten Raum treiben und über eine Rolle eine bestimmte
Last heben und damit Arbeit verrichten zu lassen. Damit war noch
lange keine anwendbare Kolbenkraftmaschine geschaffen, zumal
der für diesen Arbeitsprozeß benötigte Unterdruck erst durch
menschliche Muskelkraft erzeugt werden mußte und dazu noch

recht unvollkommen war. Dennoch stellte dieses Experiment, mit dem der atmosphärische Druck als neue Naturkraft entdeckt worden war, eine Vorstufe für die spätere Ausbildung der „atmosphärischen Kolbenkraftmaschine" dar.

Um 1673 wurde von dem holländischen Physiker Christiaan Huygens in Paris der Gedanke aufgegriffen, den bisher mittels Muskelkraft mühsam erzeugten Unterdruck im Zylinder durch die Explosion von Schießpulver und die folgende Abkühlung der Pulvergase zu erzielen, um anschließend den Druck der Atmosphäre zur Verrichtung einer Hubarbeit heranzuziehen. Diese Idee führte sein Assistent, der junge französische Arzt und Naturforscher Denis Papin, weiter, der sich – als Hugenotte aus seiner Heimat vertrieben – bei dem großen englischen Forscher Robert Boyle im Zusammenhang mit der Entwicklung der doppelt wirkenden Luftpumpe mit dem Unterdruck zu beschäftigen hatte. Dabei gelangte Papin in richtiger Erkenntnis der Natur des Wasserdampfes zu der Überzeugung, daß mit dessen Hilfe der für den angestrebten Arbeitsprozeß notwendige Unterdruck leichter erzeugt werden konnte, da Dampf „die Eigenschaft hat ebenso wie Luft eine Federkraft auszuüben, aber auch durch Abkühlung wieder zu verdichten vermag". Diese Feststellung war um so bedeutsamer, als – abgesehen von der Gefährlichkeit der in Schießpulvermaschinen ablaufenden Explosionen – mit Pulvergasen weder der für eine praktische Nutzung erforderliche Unterdruck noch der erwünschte kontinuierliche Betrieb zu erzielen war. Überzeugt davon, „daß es nicht schwierig ist, Maschinen zu bauen, in welchen vermittels Feuer mit nicht zu großen Kosten die Kräfte des Wasserdampfes die vollständige Leere hervorbringen werden", und somit in der neuen dem Menschen unterworfenen gewaltigen Naturkraft bereits das gesuchte Mittel gefunden zu haben, legte er die geniale Lösung in seiner Arbeit „Neues Verfahren, um die stärksten Triebkräfte mit leichter Mühe zu erzeugen" dar. Diese enthielt den Grundgedanken zu einer neuen Kraftmaschine „für die Förderung von Wasser und Erz, zum Schleudern eiserner Kugeln und·zum Antrieb von Schiffen gegen den Wind".

Die im Jahre 1690 von Denis Papin, der damals als Professor für Mathematik an der Universität Marburg im Dienst des Landgrafen Karl von Hessen stand, entwickelte Versuchsmaschine bestand aus einem dünnen Blechzylinder, in dem sich ein Kolben auf- und

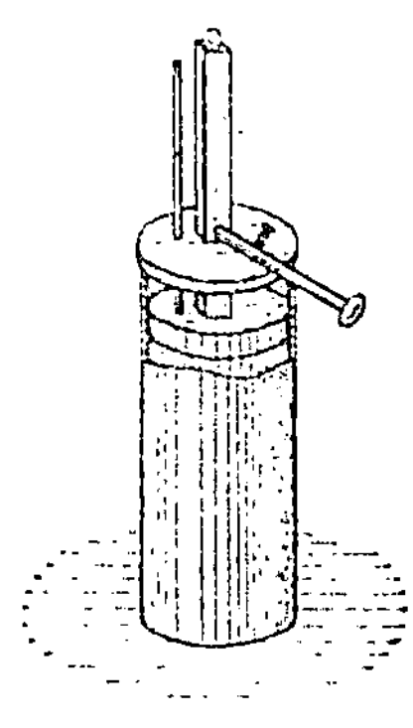

2 Denis Papins atmosphärische Kolbenmaschine 1690

abbewegen ließ. Von dessen Stange aus lief ein Seil, das einen Stein von der Masse des Kolbens trug, über zwei Rollen. Der Zylinder wurde mit kaltem Wasser übergossen, dadurch kondensierte der Dampf, und unter dem Kolben entstand ein Unterdruck, worauf der atmosphärische Druck als eigentlich wirkende Kraft den Kolben in den Zylinder hineintrieb. Dabei wurde ein Körper mit einer Masse von 27 kg gehoben und damit Arbeit geleistet. Diese Maschine stellt, da damit das lange gesuchte Arbeitsprinzip gefunden war, die erste atmosphärische Kolbenmaschine dar [23].
Da diese noch recht unvollkommene Maschine außerordentlich langsam arbeitete – das Arbeitsspiel ließ sich nur einmal in der Minute wiederholen –, sehr viel Brennstoff verbrauchte und doch nur wenig leistete, bat Papin in dem Bestreben, sie weiter zu entwickeln, den Landgrafen in einer Denkschrift darum, den Bau einer größeren finanziell zu sichern. Der Landgraf aber stand im Krieg mit Ludwig XIV. und benötigte hierfür viel Geld. Er lehnte entschieden ab, zumal er bei der Rückständigkeit des Landes auch die Bedeutung dieser Erfindung nicht erkannte. Außerdem wäre Papins genialer Plan, auf diesem Wege „die mühselige Menschenarbeit durch billige Energie zu ersetzen", damals wohl auch daran gescheitert, daß die Technik in Deutschland noch keineswegs so weit entwickelt war, um seinem erfinderischen Gedanken die notwendige praktisch verwertbare Gestalt zu geben.
Während für Papins Erfindung im feudalen Kleinstaat Hessen auch noch kein echter Bedarf vorlag, kam dieser bedeutende, jedoch verkannte und allein gelassene erste Pionier in der eigent-

lichen Entstehungsgeschichte der Dampfmaschine, als er sich mit einem Empfehlungsschreiben seines Freundes, des großen deutschen Philosophen Gottfried Wilhelm Leibniz, nach England begab, dem in gesellschaftlicher und ökonomischer Hinsicht damals fortschrittlichsten Land, dort schon zu spät.

Hier, wo das alte Feudalsystem durch die bürgerliche Revolution von 1640/48 beseitigt und ein vollentwickeltes kapitalistisches Manufaktursystem entstanden war, befand sich eine um 1695 von dem englischen Ingenieuroffizier Thomas Savery erfundene kolbenlose Dampfpumpe, die dem heutigen Pulsometer entspricht, bereits in der Einführung. Hier war die kombinierte Saug- und Druckpumpe um so notwendiger gewesen, als wegen des in großem Umfange zu Heizzwecken benötigten Holzes der Waldbestand immer mehr zusammenschrumpfte und damit die Kohle zu einem wichtigen, immer unentbehrlicheren Rohstoff geworden war, der infolge der unterirdischen Grubenwässer bisher nur aus geringen Tiefen gefördert werden konnte. Die höher liegenden Kohlenflöze waren aber bald erschöpft. Das machte ein tieferes Abteufen notwendig, wobei ein Vielfaches an Wasser anfiel, das mit Hilfe der meist von Rossen bewegten Göpelwerke nicht mehr zu bewältigen war. Außerdem gestaltete sich deren Betrieb dadurch außerordentlich kostspielig, daß manche Grube für eine durchgängige Arbeit bis zu 500 Pferden benötigte [23]. Deshalb war von Savery diese „Des Bergmanns Freund" genannte Dampfpumpe entwickelt und in den vielfach bereits großbetrieblichen Charakter tragenden Gruben praktisch angewandt worden, obwohl sie – da bei ihr der Dampf unmittelbar auf das kalte Wasser drückte – einen hohen Brennstoffverbrauch hatte. Als jedoch bei einem Versuch, durch höheren Dampfdruck die Förderleistung zu erhöhen, ein Kessel explodierte und damit den Schacht verwüstete, kam auch sie nur noch zur Wasserversorgung für einzelne Landhäuser und Gärten sowie zur Förderung von Wasser für den Antrieb von Wasserrädern zum Einsatz, die ihrerseits wieder nachgeschaltete Arbeitsmaschinen antrieben.

Saverys Dampfpumpe hätte sich, obgleich sie zweifellos einen weiteren Schritt auf dem Wege zur Entwicklung einer allseits anwendbaren Dampfmaschine darstellte, gegenüber der weit weniger Brennstoff verbrauchenden „atmosphärischen Feuermaschine" des schlichten Dartmouther Grobschmiedes und Eisenhändlers Thomas

Newcomen auch nicht behaupten können. Dieser hatte in einer Zeit, da der Ruf nach einer leistungsfähigen, von Wasser und Wind unabhängigen Antriebsmaschine immer lauter wurde, scharfen Blicks erkannt, daß Papins großer Gedanke am ehesten zum angestrebten Ziel führen würde. Deshalb tastete er sich als ausgesprochener Praktiker auf dem von diesem gewiesenen Wege mit sicherem Gefühl schrittweise in der ihm ganz neuen Gedankenwelt weiter. Dabei wurde ihm klar, daß der wesentliche Fehler der Papinschen Maschine darin bestand, daß in deren Zylinder sowohl die Erzeugung als auch die Kondensation des Dampfes erfolgte. Deshalb entwickelte er in Zusammenarbeit mit seinem Geldgeber, dem Glaser John Cawley, aus dem Bestreben heraus, die Vorteile der alten Maschinen zu vereinigen und deren Mängel zu überwinden, bereits in den Jahren 1711/12 eine große Maschine, die für den Betrieb von Bergbau-Wasserhaltungspumpen in einer englischen Steinkohlengrube eingesetzt wurde. Während auch bei ihr — wie bei Papins atmosphärischer Maschine — die Kondensation des Dampfes zunächst durch äußere Abkühlung des Zylinders zustande kam, erfolgte die Erzeugung des Dampfes selbst — wie bei Saverys Dampfpumpe — in einem gesonderten Kessel. Dadurch konnte nun laufend Dampf erzeugt werden, so daß die bei der Papinschen Maschine notwendigen ständigen Arbeitsunterbrechungen ausgeschaltet wurden.

Diese Maschine, die den Auftakt zu einer neuen Ära der Energietechnik bildete, besaß neben dem Zylinder und Kessel einen langen zweiarmigen Schwinghebel, den Balancier, an dessen einem Ende mittels einer langen Kette die Kolbenstange befestigt war, während am anderen Ende das Pumpengestänge hing. Ließ man den Dampf in dem Zylinder unter den unten stehenden Kolben treten, so wurde dieser durch den Überdruck des Dampfes und das Gewicht des Pumpengestänges nach oben bewegt. War der obere Totpunkt erreicht, wurde der Dampfzutritt durch einen von Hand betätigten Hahn abgesperrt, zwischen dem Zylinder und einem ihn umschließenden größeren Mantel Kühlwasser zugeführt und durch die anschließende Kondensation des Dampfes im Zylinder ein Unterdruck erzeugt. Infolge des Überdruckes der Atmosphäre in dem oben offenen Zylinder wurde dann der Kolben nach unten getrieben, während das außerhalb des Gebäudes in die Tiefe des Schachtes hinabhängende Gestänge der Pumpe hoch-

3 Atmosphärische Feuermaschine von Thomas Newcomen
a) Ansicht,

gezogen, dabei Wasser in die Höhe befördert und damit Arbeit verrichtet wurde. Allerdings führte diese Maschine infolge ihrer zeitaufwendigen Kondensation zunächst nicht mehr als 3–4 Hübe in der Minute aus. Als Newcomen an Stelle der ursprünglichen Oberflächenkondensation Wasser unmittelbar in den Zylinder spritzte, erhöhte sich infolge schnellerer Kondensation des Dampfes die Hubzahl auf 10–12. Und als die Steuerung der ursprünglich von Hand aus betätigten Ventile ab 1718 – ein Werk des Ingenieurs Henry Beightons – durch die Verbindung mit dem Schwinghebel selbsttätig arbeitete (vgl. Abb. 3), stieg die Anzahl der Hübe auf 15 und – nachdem man den Hub noch begrenzt hatte – sogar auf 20 Hübe pro Minute, wodurch sich auch die

12

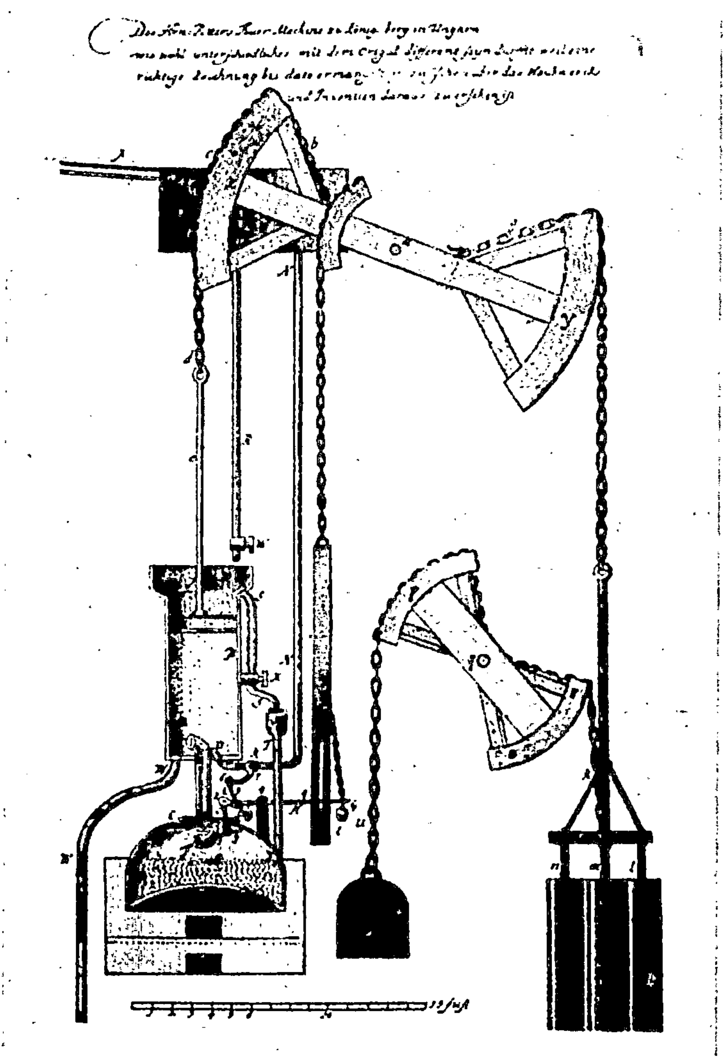

b) Schema einer anderen Ausführung

Leistung der Maschine wesentlich erhöhte. Kein Wunder, wenn
über sie nun berichtet wurde, sie arbeite „mit solcher Kraft und
Schnelligkeit . . ., daß hundert Pferde solcher nicht praestiren könne".

Mit dieser ersten wirklich praktisch nutzbaren Kolben-Feuermaschine hatte Newcomen Papins Projekt zur Lebensfähigkeit verholfen. Sie war, obzwar noch mit vielen Mängeln behaftet, in der Lage, mit Hilfe der von ihr angetriebenen Pumpen die überschwemmten Stollen trocken zu legen und infolge der dadurch ermöglichten umfangreicheren Produktion die eingetretene Kohlenkrise zu mildern. Allerdings blieb ihre Anwendung wegen ihres immer noch beträchtlichen Brennstoffverbrauches zunächst auf Kohlen- und jene Erzgruben beschränkt, denen billiger Brennstoff zur Verfügung stand. Denn immer noch schrieb man über diese plumpe und nahezu 20 Meter hohe Maschine, die von den Bergleuten als „Retterin der Gruben" begrüßt, von den Grubenbesitzern und -pächtern jedoch bald als „kohlenfressendes Ungeheuer" beschimpft wurde, daß eine Erzmine notwendig sei, um sie bauen, und eine Kohlengrube, um ihren Brennstoffbedarf decken zu können.

Zwar konnte man über den hohen Verbrauch an Brennstoff dort, wo an Ort und Stelle genügend und billige Kohle vorhanden war, noch hinwegsehen, dafür drohte den von Kohlenschächten weiter entfernten Erzgruben, für die sich infolge des längeren Kohlentransportes der Betrieb wesentlich teurer stellte, der wirtschaftliche Ruin. Ein Umstand, der mehr als drei Jahrzehnte nach Newcomens Tod den englischen Ingenieur John Smeaton, einen geschulten Fachmann mit kritischem Blick, veranlaßte, die unbeholfene, schwerfällige Maschine Newcomens nach einer vorbedachten wissenschaftlichen Methode gründlich zu untersuchen, um – ohne an deren Prinzip etwas ändern zu wollen – die bei ihr auftretenden wesentlichen Mängel zu beseitigen. Diese Bemühungen kennzeichnen erstmalig „den Übergang von dem rein empirischen Maschinenbau zu den auf wissenschaftlichen Beobachtungen begründeten Maschinen neuerer Zeit" [8]. Sein größtes Verdienst besteht dabei zweifellos darin, daß er die bisher lediglich auf der Grundlage praktischer Erfahrungen vielfach falsch gewählten Proportionen bei den Einzelteilen der Maschine mit Hilfe sorgfältiger Untersuchungen und wissenschaftlicher Berechnungen in gegenseitige Übereinstimmung brachte. Auf diese Weise konnten der Brennstoffverbrauch fast auf die Hälfte herabgedrückt und die Wirtschaftlichkeit der Maschine schrittweise erhöht werden.

Allerdings war die verbesserte Maschine Newcomens dadurch,

daß auch bei ihr der atmosphärische Druck die Arbeit verrichtete, noch immer keine Dampfmaschine im eigentlichen Sinne des Wortes. Als sie schon einige Jahre nach ihrer Erprobung an das Ausland geliefert wurde, meldeten sich auch dort bald Erfinder zu Wort. Mit Recht konnte deshalb Friedrich Engels feststellen:

Sie ist die erste wirklich internationale Erfindung, und diese Tatsache bekundet wieder einen gewaltigen geschichtlichen Fortschritt. [31]

So machte der Russe Iwan Iwanowitsch Polsunow, der sich als Sohn eines einfachen Soldaten zum stellvertretenden Werkleiter im Silberbergbau des Altai emporgearbeitet hatte, mit seiner 1763/66 entwickelten „Feuerkraftmaschine", die erstmals für den Gebläseantrieb der Schmelzöfen eingesetzt wurde, auf sich aufmerksam. Zwar war auch bei dieser Maschine der Dampf nur Mittel, um den Luftdruck auszulösen, jedoch bewegten sich bei ihr über dem Dampfkessel in zwei nebeneinander angeordneten Zylindern die auf- und abgehenden Kolben in entgegengesetzter Richtung, wodurch eine vorher nicht annähernd gekannte Gleichförmigkeit des Laufes erzielt wurde.
Damit wurde ein weiterer Schritt nach vorn getan. Aber nicht mehr, denn bei diesem ersten russischen Wärmetechniker, der unter den Bedingungen der Feudalgesellschaft geradezu übermenschliche Kräfte einsetzen mußte, um die auftretenden Widerstände bei der praktischen Verwirklichung seiner Idee zu überwinden, war die Gesundheit bald derart untergraben, daß er vier Tage vor dem anberaumten Probelauf dieser ersten in Rußland gebauten atmosphärischen Maschine starb. Als nach 43 Tagen verhältnismäßig guten Laufes bei dieser Maschine ein Schaden eintrat, ließ man sie kurzerhand stehen und verfallen, da sich im zaristischen Rußland die auf Ausbeutung der Leibeigenen beruhende Arbeit billiger stellte als die Produktion mit Maschinen, die handwerklich gefertigt werden mußten und überdies noch recht teuer waren.
So erging es Polsunow nicht viel anders als Papin sieben Jahrzehnte zuvor; er scheiterte an den gesellschaftlichen und ökonomischen Verhältnissen seines rückständigen Landes, obzwar seine technisch wesentlich weiter entwickelte Maschine bereits den Übergang von der Newcomenschen zu der später von James Watt entwickelten universell einsetzbaren Dampfmaschine darstellte.

15

Um so mehr vermochte sich im Rahmen der fortschrittlichen kapitalistischen Entwicklung in England Newcomens durch Smeaton verbesserte Maschine infolge der günstigen Gegebenheiten durchzusetzen. Hier, wo die bürgerliche Revolution alle beengenden Schranken des Feudalismus beseitigt und die Entwicklung kapitalistischer Verhältnisse vorbereitet hatte, vollzog sich ab Mitte des 18. Jahrhunderts auf dem Fundament des mächtigen Kolonialreiches und eines mit der Seefahrt ständig sich erweiternden Marktes ein gewaltiger, die Klassenstruktur der Gesellschaft radikal verändernder und die sozialen Spannungen vertiefender Umwälzungsprozeß, in dem die Maschinenarbeit der mechanisierten Industrie ihre Überlegenheit gegenüber der Handarbeit in den Handwerksbetrieben und Manufakturen bewies. Ausgangspunkt dieser als industrielle Revolution bezeichneten Phase, deren Beginn mit einer bedeutenden kolonial-territorialen Expansion und Ausplünderung fremder Länder zusammenfiel, war die Weiterentwicklung der von den Arbeitern unmittelbar benutzten Produktionsinstrumente zu den damals allgemein als Werkzeugmaschinen bezeichneten Arbeitsmaschinen. Mit deren Hilfe waren die dem menschlichen Körper gesetzten physischen Schranken dadurch durchbrochen, daß sie gleichzeitig eine Vielzahl gleichartiger Werkzeuge betätigten, so daß an Stelle der früher benötigten Anzahl von Menschen sich jetzt einige wenige auf die Bedienung der Maschinen beschränken konnten.

Bei dieser ersten Etappe der industriellen Revolution vollzog sich dieser Wandel von der Handarbeit zur mechanisch-maschinellen Fertigung zuerst in der Textilindustrie, die neben dem Bergbau zu jenen Unternehmungen gehörte, die sich schon frühzeitig zu größeren Betrieben entwickelten. Als sich – eine Folge dieser Entwicklung – in relativ kurzer Zeit die Bevölkerung Englands nahezu verdoppelte und wegen des dadurch ständig steigenden Bedarfs an Textilien in großem Maße Baumwolle eingeführt und verarbeitet wurde, war bei deren Verarbeitung auf dem Gebiet der Weberei durch die Erfindung des Schnellschützensystems am Webstuhl durch John Kay bereits 1733 der Anfang gemacht worden. Die Arbeitsproduktivität in der Weberei verdoppelte sich dadurch, und nun „setzte eine Wechselwirkung in der laufenden Mechanisierung des Webens und Spinnens ein" [34].

Da die Spinnereien, die den Webern das Garn lieferten, durch

Kays Erfindung mit diesen nicht mehr Schritt halten konnten, stand jetzt die Forderung nach der Mechanisierung des Spinnprozesses auf der Tagesordnung. Nachdem auf diesem Gebiet bereits mit der Spinnmaschine von John Wyatt und Lewis Paul der Anfang zu einer Veränderung gemacht worden war, trat mit der Erfindung der „Jenny"-Spinnmaschine durch den Weber James Hargreaves im Jahre 1764 auch hier eine durchgreifende Steigerung der Arbeitsproduktivität ein, zumal diese vielfach mit 1½ Dutzend Spindeln arbeitete. Während der Spinnprozeß damit vollkommen der Maschine überlassen wurde, mußte diese selbst allerdings immer noch durch Muskelkraft angetrieben werden. Ihr folgte 1769 die von Wasserrädern als Hauptantriebsmaschine in der Manufakturperiode angetriebene und bereits für größere Fabriken gebaute „Spinning-Throstle" des Unternehmers Richard Arkwright, die „neben der Dampfmaschine wichtigste mechanische Erfindung des 18. Jahrhunderts" [35], neun Jahre später Samuel Cromptons mit zunächst 400, später mit 800 Spindeln noch vollkommener arbeitende „Mule"-Spinnmaschine und schließlich – um die dadurch erneut entstandene Ungleichgewichtigkeit zwischen Spinnerei und Weberei aus der Welt zu schaffen – der mechanische Webstuhl Edmund Cartwrights.
Diese rasche Mechanisierung der Textilindustrie, die Entwicklung neuer Industriezweige – insbesondere des dadurch dringlich gewordenen Maschinenbaues –, in denen immer größere Arbeitsmaschinen eingeführt werden sollten, verlangten gebieterisch nach einer neuen, größere Kräfte hervorbringenden Antriebsmaschine, zumal das Wasserrad aufgrund des schwankenden Wasserflusses nur wechselnde und kaum über 6 PS (entspricht 4,5 kW) hinausgehende Leistungen abgeben konnte und dazu noch an Bach- und Flußläufe gebunden war. Diese brennendste Frage jener Zeit konnte nur durch die Weiterentwicklung der Dampfmaschine gelöst werden. Zwar stellten die auf diesem Gebiet bisher entwikkelten Maschinen bereits bestimmte Etappen auf diesem Wege dar, jedoch war mit ihnen noch keineswegs die neue wirtschaftlich arbeitende Antriebsmaschine für die entstehende maschinelle Großindustrie geschaffen worden. Selbst James Watts durch Rückgriff auf hergebrachte Lösungen zustandegekommene Maschine mit hin- und hergehender Bewegung konnte als ausgesprochene Hubmaschine nur begrenzten Eingang finden. Jedoch blieb es sei-

nem Genie vorbehalten, mit der von ihm später entwickelten doppelt wirkenden und den Dampfdruck unmittelbar nutzenden „Betriebs- oder Industrie"-Maschine, die auch die von den meisten Arbeitsmaschinen geforderte Drehbewegung hervorbrachte, die so sehr benötigte universell einsetzbare Antriebsmaschine zu schaffen und dieses dringende Problem zu lösen. Mit dieser Entwicklung, die den Namen „Dampf"-Maschine erstmalig mit vollem Recht trug, endet nach mehr als hundertfünfzigjährigen Bemühungen die eigentliche Entstehungsgeschichte der Kolbendampfmaschine.

Daraus ist ersichtlich, daß die „revolutionäre Dampfmaschine" als allgemeine Antriebsmaschine zwar nicht die industrielle Revolution ausgelöst hat, jedoch als ihr „wesentlicher Bestandteil und Katalysator" [47] in der vor allem von James Watt erhaltenen Gestalt an deren Durchführung und der weiteren Entwicklung der kapitalistischen Produktion entscheidend beteiligt war. Darüber hinaus hatte sie im Zusammenwirken mit der entstandenen Arbeitsmaschine überaus starke Auswirkungen auf die Entwicklung der gesellschaftlichen, ökonomischen und sozialen Verhältnisse, was keinen Geringeren als Friedrich Engels im „Anti-Dühring" zu folgender wichtigen Wertung veranlaßte:

Während in Frankreich der Orkan der Revolution das Land ausfegte, ging in England eine stille, aber darum nicht minder gewaltige Umwälzung vor sich. Der Dampf und die neue Werkzeugmaschine [im Sinne der die Werkzeuge ersetzenden Arbeitsmaschine zu verstehen – H. L. S.] verwandelten die Manufaktur in die moderne große Industrie und revolutionierten damit die ganze Grundlage der bürgerlichen Gesellschaft. Der schläfrige Entwicklungsgang der Manufakturzeit verwandelte sich in eine wahre Sturm- und Drangperiode der Produktion.

Und an anderer Stelle die harten Konsequenzen dieser Entwicklung herausstellend:

... die Männer, die im siebzehnten und achtzehnten Jahrhundert an der Herstellung der Dampfmaschine arbeiteten, ahnten nicht, daß sie das Werkzeug herstellten, das mehr als jedes andere die Gesellschaftszustände der ganzen Welt revolutionieren und namentlich in Europa durch Konzentrierung des Reichtums auf der Seite der Minderzahl und der Besitzlosigkeit auf der Seite der ungeheuren Mehrzahl, zuerst der Bourgeoisie die soziale und politische Herrschaft verschaffen, dann aber einen Klassenkampf zwischen Bourgeoisie und Proletariat erzeugen sollte, der nur mit dem Sturz der Bourgeoisie und der Abschaffung aller Klassengegensätze endigen kann. [31]

Kindheit, Jugend und Lehrjahre

James Watt wurde am 19. Januar 1736 in Greenock bei Glasgow,
einem ärmlichen schottischen Schiffer- und Vorhafenstädtchen, als
viertes Kind des Schiffbauers und Verfrachters James Watt und
dessen Ehefrau Agnes geb. Muirhead geboren. Während sein Ur-
großvater, der als angesehener Bauer in Aberdeenshire lebte, im
Kampf um die Religionsfreiheit fiel und seine Familie in diesem
Zusammenhang in das schottische Hochland vertrieben wurde,
gründete sein Großvater, dem als Mann „von ganz außerordentlicher Begabung und von natürlichem, gesundem Menschenver-
stand" der gleiche kämpferische Trotz eigen war, in Greenock an
der Mündung des zur Wiege des britischen Schiffbaues gewordenen Flüßchens Clyde eine nautische Schule und lehrte Fischer
und Seeleute Mathematik und Schiffskunde. Obwohl ihn die
Obrigkeit in ihren Akten als einen „aufrührerischen Schulmeister"
bezeichnete, der „sein Amt im Gegensatz zum Gesetz versehe",
wurde er als Besitzer eines Hausgrundstückes und Inhaber hoher
bürgerlicher und kirchlicher Ämter bald zu einem der ersten Bürger des Städtchens. Noch kurz vor seinem Tode errichtete der
Hochgeehrte eine Reparaturwerkstätte für nautische Geräte sowie
ein Geschäft für Schiffsbedarf. Sein Sohn, der Vater des Erfinders,
der ihm in beruflicher Hinsicht folgte, baute vor allem Schiffe,
schickte sie auf eigene Rechnung aus, trieb Handel und war außerdem als besonders geschickter Hersteller nautischer Instrumente
weitum bekannt. Dabei ergriff er jede Gelegenheit, um durch
ständige Erweiterung seines Unternehmens zu Wohlstand, Ansehen und Einfluß zu kommen.
Von ihm kam eine sich nie schonende Beharrlichkeit, eine starke
Neigung zum methodischen Rechnen, zur Mathematik, sowie eine
auffallend ausgeprägte technische Begabung als väterliches Erbe
auf James. James Mutter, die aus dem Hause der Muirheads of
Lachop stammte und ihre Herkunft bis in das 12. Jahrhundert
zurückverfolgen konnte, war eine kluge, überaus phantasievolle
Frau, die ein Zeitgenosse mit den Worten charakterisierte:

Sie war eine treffliche Frau wie keine andere weit im Umkreise; sie besaß Vornehmheit und Anmut und war immer freundlich und hilfreich gegen ihre Nachbarn; sie hatte die ganze Einbildungskraft und Begeisterungsfähigkeit der Kelten; sie war eine echte Patriotin, und sie kannte die Geschichte ihres Landes so genau wie die ihrer Familie. [16]

Damit waren für die Entwicklung des Jungen, vor dessen Geburt die Eltern – bis auf James älteren Bruder John – schon zwei Kinder verloren hatten, recht bestimmende Voraussetzungen gegeben. Allerdings war auch James ein recht zartes und schwächliches Kind, das schon frühzeitig an Kopfschmerzen litt, ein Leiden, das ihn fast das ganze Leben begleitete, so daß man zunächst von einem Schulbesuch absehen mußte. Dafür lernte der scheue Junge, der ängstlich jedem Verkehr mit anderen Kindern aus dem Wege ging und sich um so enger an die Eltern anschloß, von der von ihm verehrten Mutter sehr früh lesen und die vielfältigsten Sagen und Dichtungen seiner schottischen Heimat kennen. Der Vater, der selbst seiner Werkstattarbeit angewandte Mathematik zugrunde legte, lehrte ihn wiederum das Rechnen, Fachzeichnen und später auch das Konstruieren. So kam es bei James, der mit außerordentlichen Gaben des Geistes, insbesondere mit einer lebhaften Phantasie ausgestattet war, zu einer gewissen geistigen Frühreife. Deshalb war er, sofern er sich nicht damit beschäftigte, das wenige Spielzeug, das er besaß, in seine Teile zu zerlegen, um daraus wieder etwas Neues zu bauen, durchaus in der Lage, zu einem Zeitpunkt, da seine Altersgenossen sich noch um die ersten Buchstaben mühten, rechnerische Aufgaben zu lösen und Zeichnungen herzustellen, die einem wesentlich höheren Lebensalter entsprachen.

James war als stark in sich gekehrter, nachdenklicher Junge einerseits den feststehenden Gesetzen der Naturwissenschaften und der Technik verbunden, andererseits der in Schottland blühenden fabulierenden Erzählungskunst verfallen. Als er die Schule besuchen konnte, war er über das hier Gebotene längst hinausgewachsen und deshalb oft unaufmerksam. Er ging kaum aus sich heraus, und man traute ihm deshalb keine besonderen Fähigkeiten zu. Älter als seine Mitschüler, tiefer veranlagt als diese, mit reichem Innenleben ausgestattet und ganz erfüllt von dem, was ihn die Mutter gelehrt hatte, ging der geistig sonst äußerst rege Junge als „Einsamer unter ihnen her". Er hatte vor allem für die lateinischen

und griechischen Klassiker wenig Verständnis, blieb zurück und
wurde vernachlässigt. Dafür war er für die sagenreichen alten
Zeiten des schottischen Hochlandes um so aufgeschlossener und
empfänglicher. Von dessen Balladen und den Heldengesängen
seiner Heimat war er zuweilen so begeistert, daß er sie auf seinen
einsamen Spaziergängen, die seine Einbildungskraft auf besondere
Weise anregten, oft in die gleiche freie Natur hinausrief, die seiner
Wißbegierde und Phantasie stets neue Nahrung gab. Schließlich
lebte er in dem Lande der großen Einsamkeiten, zwischen zer-
klüfteten Bergen, weitläufigen Heidegründen, Hochlandseen, Sturz-
bächen und Fjorden, zwischen denen das Meer brandete, in einer
Landschaft, in der unter wolkenreichem Himmel alte, meist am
Herdfeuer vorgetragene Dichtungen die düsteren Schicksale der
Vorväter besangen, die Helden, Dichter und Träumer wa-
ren [16].
Wohl verband Schottland und England das gleiche Herrscherhaus,
wohl hatten die Schotten und die Engländer seit 1707 ein gemein-
sames Parlament, dennoch erhoben sich noch im Jahre 1746 die
Schotten, um das Haus Stuart wieder auf den Thron zu erheben.
Doch der Herzog von Cumberland vernichtete die Aufständischen
auf dem Cullodenmoor. Damit war der letzte Versuch der Schotten, die Selbständigkeit wieder zu erkämpfen, gescheitert, eine
Tragik, die in dem damals zehnjährigen James für immer als bittere Erfahrung lebendig blieb.
Obwohl sich die Schotten in der Folgezeit nicht wieder mit den
Waffen gegen die Briten erhoben, begannen sie bald darauf England zu erobern, jedoch auf geistigem Gebiet. Da waren der
scharfsinnige Philosoph David Hume, der Vorläufer von Imma-
nuel Kant, der träumende Dichter Robert Burns, der „in ganz
Europa einen Liederfrühling wachrief“, und Walter Scott, als Begründer des historischen Romans der größte Erzähler englischer
Zunge, dessen Hauptleistung in der Gestaltung der Geschichte
Schottlands besteht. Dazu kam ein stark ausgeprägter Charakter
der Schotten, der ganz England von Nutzen war: der Hang zur
strengsten Sparsamkeit. Ausgestattet mit einem gesunden Erwerbs-
sinn, sind sie in Geldangelegenheiten peinlich genau, weshalb sie
oft geradezu als geizig verspottet werden, obgleich sie der arme
Boden ihres Landes dazu zwingt. Auf dieser Grundlage entwickelte sich in England im Laufe der Zeit eine ansehnliche In-

dustrie, zumal das schottische Volk auch kühne große Rechner
und Entdecker hervorbrachte. Da war Adam Smith, der Begründer der liberalen bürgerlichen Volkswirtschaftslehre, auf deren
Grundlage sich in England ein „selbstverantwortliches Unternehmertum" herausbildete, und der Chemiker Dr. Joseph Black, der
„Vater der Wärmelehre". Sie und viele andere bedeutende Schotten übten auf die Entwicklung Großbritanniens einen entscheidenden Einfluß aus, was Wunder, wenn sich in James – von der
Mutter in das Wissen um diese Dinge eingeführt – ein entsprechendes Selbstbewußtsein entwickelte [28].
Infolge seiner Schwächlichkeit zurückgezogen lebend und deshalb
die Einsamkeit gewohnt, ging der einsame Träumer und Sinnierer
seinen eigenen Weg. Dieser führte zu frühem Nachdenken über
viele Dinge. Da er mit hellwachen Augen alles nur Mögliche
beobachtete und untersuchte, dachte und begriff er mehr als seine
Mitschüler. Die Natur liebte er leidenschaftlich, da sie so viele
Fragen und Erscheinungen barg. Auf seinen Streifzügen über die
Heidehügel der Heimat mehrte er durch die Sammlung seltener
Pflanzen und interessanter Steine, die er nach bestimmten Ge-
sichtspunkten sortierte, vor allem seine botanischen und mineralo-
gischen Kenntnisse. Er erdachte auch poesievolle Märchen und
war außerdem ein leidenschaftlicher Leser, der zu seinem geistigen Vergnügen alles Lesbare verschlang, was in seine Hände kam.
Dennoch hatte er – wie er später versicherte – nicht ein Buch aus
der Hand gelegt wie er auch nicht eine Unterhaltung mit anderen
Menschen geführt hatte, ohne dabei „eine Belehrung, ein Vergnügen oder sonst einen Nutzen daraus geschöpft zu haben" [18].
Infolge seiner schwachen körperlichen Konstitution in der Schule
von gymnastischen Spielen befreit – der einzige Sport seiner Jugend war das Angeln –, fühlte James sich zurückgesetzt und mied
lange Zeit alle Mitschüler, weshalb er von diesen nicht selten verspottet wurde. Das änderte sich erst, als er, da er mit großer Liebe
Mathematik betrieb, die damals als „nüchternste, sprödeste Wissenschaft" bezeichnet wurde, mit dreizehn Jahren in die mathematische Klasse trat. Denn nun mußten seine Mitschüler erstaunt
feststellen, daß der scheinbar zurückgebliebene Junge, der sich mit
besonderer Vorliebe mit Geometrie – später auch mit Astronomie –
beschäftigte, über seltene mathematische Fähigkeiten verfügte.
So zurückhaltend James, dessen weicher Charakter ihm auch später

den Kampf im harten Leben erschwerte, in der Schule weiterhin war, anläßlich seiner dem Luftwechsel dienenden Aufenthalte bei Oheim Muirhead in der Universitätsstadt Glasgow setzte seine bewundernswerte Gabe, Märchen zu ersinnen und sie meisterhaft vorzutragen, bald alle in Erstaunen, ein Talent, das ihn bis ans Ende seines Lebens begleiten sollte. Ja, Watts Jugendfreundin Maria Campbell wußte sogar zu berichten, daß sich eine Freundin seiner Mutter, bei der er in Glasgow einmal zu Besuch weilte, schon nach kurzer Zeit nach Greenock mit der Bitte wandte, man möge ihn möglichst bald zurückholen, weil seine unerschöpfliche Erfindungs- und Erzählungsgabe ihre Familie oft ganze Nächte in Anspruch nehme und sie dann am darauffolgenden Tage geradezu der Mattigkeit erlägen, ein Zustand der Erregung, den sie auf die Dauer nicht ertragen könnten [18].

Aber auch in des Vaters vielseitiger Werkstatt, wo James sehr früh mitten unter die Arbeiter eine Werkbank gestellt wurde, erwies sich der bald vom Spiel zur Arbeit übergehende Junge, der schon damals große Freude am schöpferischen Gestalten hatte, wegen seiner besonderen Handfertigkeit bei der Benutzung der unterschiedlichsten Werkzeuge überaus anstellig. Man staunte nicht wenig, weil seine schmalen Hände so vieles zustande brachten und er so schnell in die praktische Arbeit hineinwuchs. Nachdem er bald selbst schwierige Arbeiten verrichten konnte, fertigte er unterschiedliche Modelle an, so daß der Vater bereits damals in seinem begreiflichen Stolz hoffen zu können glaubte, daß sein zum Liebling aller gewordener Sohn zu Großem berufen sei. Zweifellos war die so erworbene außerordentliche handwerkliche Geschicklichkeit keine unwesentliche Voraussetzung für den Erfolg seiner späteren erfinderischen Tätigkeit, da er die Arbeiter oft erst das exakte Arbeiten, vor allem den Umgang mit den Meßwerkzeugen, lehren mußte, ohne deren richtige Handhabung an die Herstellung der von ihm entwickelten Maschinen nicht zu denken gewesen wäre.

Aber auch theoretisch bildete sich James unentwegt weiter. Am liebsten hätte er alle Vorgänge in der Natur ergründet, viele der auftauchenden Fragen wurden ihm zum Gegenstand ernster Untersuchungen. Mit besonderer Liebe hing er dabei an dem zweibändigen Werk „Die Elemente der Naturphilosophie" von s'Gravessand, in dem naturwissenschaftliche Themen in einfacher klarer

Sprache behandelt wurden, darunter auch die Gesetze der Mechanik. Aber auch mit dem Dampf- und Luftdruck setzte sich dieses Werk auseinander. Einen besonders großen Raum nahm die Behandlung des Vakuums ein, wobei vor allem vom Sieg der neuen Zeit über die unhaltbaren Ansichten des Mittelalters die Rede war. Große Namen traten hervor: Otto von Guericke, Robert Boyle, Denis Papin. Ein mit guten Kupferstichen illustriertes Buch, dessen Inhalt James gierig in sich aufnahm. Bereits damals wurde ihm Neuland offenbar, das es zu erobern galt [28].

Schon als Fünfzehnjähriger war er dadurch, daß er sich im zähen, verbissenen Studium die unerläßlichen Kenntnisse selbst aneignete, mit den wichtigsten wissenschaftlichen Grundlagen vertraut und stellte – was für ihn bezeichnend war – zu deren praktischem Beweis Experimente an. Später nahm er anläßlich seiner in Glasgow bei seinen Verwandten verbrachten Sommerferien auch mit geistig aufgeschlossenen Jungen, die seine Fähigkeiten und natürlichen Anlagen nicht wenig bewunderten, nähere Verbindung auf. Dabei wurde Andrew Anderson sein vertrauter Freund, der ihm auch die uneingeschränkte Benutzung der umfangreichen und wertvollen Bibliothek der Familie einräumte, weshalb der strebsame Junge, der mit Eifer alle Wissenslücken schließen wollte, hier nicht selten seine Abende verbrachte. Schon damals kam ihm die besondere Fähigkeit zugute, mit ungewöhnlicher Schnelligkeit das Wesentliche vom Unwesentlichen zu unterscheiden [16].

Als ihm im Alter von siebzehn Jahren unerwartet die Mutter starb, die mit gleicher Liebe an ihm gehangen hatte wie er an ihr, ging er der Geborgenheit des elterlichen Hauses verlustig. Dies um so mehr, als sich durch den Verlust eines wertvollen Schiffes und das Fehlschlagen von bestimmten Unternehmungen auch die Vermögensverhältnisse des Vaters so verschlechtert hatten, daß James weder – wie vorgesehen war – an ein Studium denken konnte, um vielleicht Professor für Mathematik oder Naturwissenschaften zu werden, noch er oder sein älterer Bruder John damit rechnen konnten, später einmal das väterliche Unternehmen weiterführen zu können. Er sah sich vielmehr genötigt, für sein Fortkommen nun selbst zu sorgen. Während John bereits Seemann geworden war und später bei einem Schiffbruch ums Leben kam, wollte James am liebsten Mechaniker für nautische Instrumente werden. Das Handwerk des Schiffbauers wäre bei seiner schwachen kör-

perlichen Verfassung zu anstrengend gewesen, außerdem glaubte
er, so seinen unersättlichen Durst nach Wissen am ehesten stillen
zu können. Da eine derartige Ausbildung in Greenock jedoch nicht
möglich war, machte er sich im Jahre 1754, schwer bepackt mit
Kleidung und Handwerkszeug, auf den Weg nach dem etwa dreißig Kilometer entfernten Glasgow, wo ihm seine Verwandten
mütterlicherseits die notwendige Unterkunft anboten.
Diese Stadt war wegen ihrer Universität, an der namhafte Professoren lehrten, und wegen ihrer Kathedrale weltberühmt, und
ihre vor allem durch umfangreichen Amerikahandel reichen Kauf-
leute, ihre Schnapsbrennereien, Bleichereien und Färbereien hatten
sie weithin bekannt gemacht. Trotzdem war die Stadt, an deren
beiden Hauptstraßen sich noch der Abfall türmte, nur stellenweise
gepflastert und auch sonst noch recht rückständig.
Allerdings mußte James, da es auch hier keine ausgesprochene
Werkstätte für nautische Instrumente gab, die Lehre bei einem
„Allerweltsmechaniker", der sich Optiker nannte und neben Brillen auch Geigen verkaufte und reparierte, aufnehmen. Hier erwies
sich der immer noch passionierte Angler, der angesichts der ihm
wenig ansprechenden Stadt jede Gelegenheit nutzte, um die Natur
zu erforschen, als überaus geschickt, konnte jedoch, da er sich
bereits in der Werkstatt seines Vaters weit überdurchschnittliche
Fertigkeiten angeeignet hatte, kaum noch etwas dazu lernen. Deshalb erteilte ihm der Physikprofessor Dick, bei dem ihn Professor
Muirhead, ein Verwandter seiner Mutter, eingeführt hatte, aus der
Erkenntnis heraus, eine ungewöhnliche Begabung vor sich zu
haben, den Rat, doch lieber in London die Lehre fortzusetzen, da
man dort über wesentlich bessere Lehrmittel verfüge.
Daraufhin trat James, ein Empfehlungsschreiben seines Förderers
in der Tasche, im Jahre 1755 in Begleitung eines Seekapitäns, der
ebenfalls ein entfernter Verwandter war, hoch zu Roß den mit
650 Kilometern ebenso langen wie beschwerlichen zwölftägigen
Weg nach Englands Hauptstadt an. Hier, in der damals mit nahezu einer Million Einwohnern volksreichsten Stadt der Erde und
geistigen und wirtschaftlichen Metropole des britischen Kolonialreiches, von dessen Reichtum er allerdings persönlich nichts ver-
spürte, fand er sich als „Fremdling in einem fremden Lande" zum
Kampfe gegen eine ihn umgebende „kalte Welt" herausgefordert.
Doch geleitet von den Lehren, die ihm die Mutter in seiner Kind-

heit auf dem Weg mitgegeben hatte, stellte er sich dieser „strengen und besten Schule", die dazu angetan war, „um angeborene Eigenschaften wachzurufen und einen armen jungen Mann anzuspornen, sich aufs äußerste anzustrengen" [16].

Zunächst von Werkstätte zu Werkstätte ziehend, um sich eine Stelle zu suchen, mußte er immer wieder von neuem zur Kenntnis nehmen, daß er laut Handwerkerordnung erst volle sieben Jahre lernen müsse, bevor man dies in Betracht ziehen wollte. Doch James war nicht bereit, soviel Zeit für etwas zu opfern, was bei seiner Veranlagung in einer wesentlich kürzeren Zeit leistungsmäßig zu erreichen war. Entschlossen, dann lieber nur ein Jahr lang zu volontieren, um anschließend in Glasgow ein eigenes Geschäft zu eröffnen, wurde der Achtzehnjährige aufgrund einiger von ihm ausgezeichnet angefertigter Probearbeiten schließlich bei dem Instrumentenbauer Morgan in die Werkstatt aufgenommen. Allerdings unter der Bedingung, für die ihm hier in Aussicht gestellte Ausbildung neben seiner ganzen Arbeitskraft volle 20 Pfund zu entrichten, ein damals recht erheblicher Betrag, den er sich, da er den jetzt finanziell selbst schlecht stehenden Vater nicht länger belasten wollte, durch Sonderarbeiten nach Feierabend verdiente und nur dadurch aufbringen konnte, daß er sich in Ernährung und Kleidung größte Einschränkungen auferlegte.

Wie sehr James, den man in London selten auf der Straße zu sehen bekam, da ihn auch diese Stadt wenig ansprach und er außerdem über wenig freie Zeit verfügte, mit der getroffenen Wahl zufrieden war, geht aus folgenden Worten hervor, die er schon in der ersten Zeit nach Hause schrieb:

Ich vermöchte in ganz London keinen anderen zu finden, der mich das lehren könnte, was ich wissen will. [16]

Später, als er auch die in den Manufakturen eingeführte Arbeitsteilung kennenlernte, durch die der Spezialist in die Lage versetzt wurde, auf eng begrenztem Arbeitsgebiet das denkbar Beste zu leisten, ließ er den Vater auch wissen,

... daß nur wenige Mechaniker über mehr Fähigkeiten verfügen, als um ein Lineal zu machen oder einen Zirkel oder sonst einen Gegenstand.[16]

An Baulichkeiten faszinierte Watt in London vor allem der gewaltige, himmelanstrebende Bau der Westminster-Abtei, das Na-

26

tionalheiligtum Englands. Mit ehrfürchtiger Scheu stand er vor
diesem „Tempel der Unsterblichkeit", in dem seit fast tausend
Jahren die Großen der britischen Nation ruhten, ohne im geringsten ahnen zu können, daß man auch ihm hier einmal ein Monument errichten würde.

Während James Watt, der alles rasch erfaßte, in der kleinen Werkstatt bei schmaler Kost und harter Arbeit anfangs vor allem Messingschalen, Doppellineale und Quadranten – astronomische Instrumente, mit deren Hilfe man die Höhe der Sterne am Firmament feststellen konnte – herstellte, mußte er später bereits Proportionalzirkel, Theodolithen, Kompasse und mathematische Instrumente anfertigen. Deshalb hielt er sich – wie aus einem an den Vater gerichteten Schreiben hervorgeht – schon vor Jahresfrist durchaus in der Lage, „einen Sektor mit französischer Fuge" herzustellen, eine Arbeit, die damals dem Meisterstück gleichkam. Außerdem hoffte er, wie er dem Vater ebenfalls berichtete, schon in nächster Zeit selbständig werden zu können.

In dieser Zeit, da er im besonderen Maße an Kopfschmerzen litt, brütete er, während er seinen gesundheitlichen Zustand laufend beobachtete und durch bittere Erfahrungen zu ersten klaren Erkenntnissen über seine schwierige soziale Lage gelangte, in seiner ärmlichen Behausung, nicht selten von Verlassenheit, Hoffnungslosigkeit und starkem Heimweh bedrückt, oft über medizinischen Büchern.

Im folgenden Winter erkrankte er, da sein durch Hunger und Überarbeitung geschwächter Organismus der anstrengenden Arbeit auf die Dauer nicht gewachsen war, sehr schwer an Rheumatismus. Und da ihm das Klima der düsteren, oft in den berüchtigten feuchten gelben Nebel gehüllten Hauptstadt auch sonst nicht bekam und er von ständigem Husten geplagt wurde, entschloß er sich schließlich mit dem Einverständnis seines Vaters, nach dieser entsagungsreichen Zeit London zu verlassen [28]. Nachdem er sich mit bestimmten Büchern, Instrumenten sowie Material für neue Arbeiten eingedeckt hatte, kehrte er, bereichert an Wissen, Kenntnissen und Fertigkeiten, mit dem Vorsatz nach der schottischen Heimat zurück, möglichst bald in der reinen Bergluft zu genesen.

Als Mechaniker an der Universität Glasgow

Als James Watt nach zweimonatiger Ruhepause im Jahre 1756 in Glasgow eine selbständige Werkstatt für Präzisionsinstrumente einrichten und damit in das gewerbsmäßige Leben eintreten wollte, versperrten dem Zwanzigjährigen die mittelalterlichen Zunftvorschriften, die wegen des damit verbundenen Konkurrenzschutzes für die Handwerksmeister noch nicht außer Kraft gesetzt waren, zunächst den Weg, obgleich es damals in ganz Schottland noch keine Einrichtung dieser Art gab. Er wurde von der Gilde der Hammerschmiede, der er nach dem Innungsrecht als Feinmechaniker hätte angehören müssen, nicht aufgenommen, da er nur „durch das Tor der Wissenschaft und der Erfahrung in sein Handwerk eingedrungen" sei und nicht die vorgeschriebenen sieben Jahre gelernt hatte. Dazu kam, daß er die einjährige Volontärzeit weder bei einem Meister innerhalb der Bannmeile von Glasgow abgeleistet hatte noch der Sohn eines Glasgower Bürgers war. Deshalb wurde ihm nicht nur verboten, sich hier als selbständiger Handwerker niederzulassen, sondern ihm selbst ein Raum versagt, in dem er sich anderweitig hätte erproben können [16].
In diesen Wochen schwerer Bedrängnis wandte er sich an den ihm bekannten und später auch befreundeten Physikprofessor John Anderson, den älteren Bruder seines vertrauten Jugendfreundes Andrew Anderson, von dem er wußte, daß er in dieser Zeit der in die Breite wirkenden Aufklärungsbewegung und des beginnenden Liberalismus gegen den Zunftzwang auftrat und der Überzeugung war, daß nur die Naturwissenschaft imstande sei, „die Dumpfheit aus den Köpfen zu fegen" [28].
Er war ein Freund und Anhänger der Lehren von Adam Smith, der sich während seiner 13jährigen Tätigkeit als Professor an der Universität Glasgow vor allem aufgrund seiner Beobachtungen von Industrie und Handel ein lebendiges Bild von der neuen Gesellschaft verschaffte. Dabei hatte Smith erkannt, daß infolge der Arbeitsteilung „die große Masse des Volkes", deren Arbeit sich auf die monotone Wiederholung von wenigen einfachen Handgrif-

fen beschränkte, zwangsläufig „so dumm und unwissend werden würde, wie es für einen Menschen nur möglich ist" [44]. Deshalb hatte er dazu aufgerufen, diesem Übel durch Schaffung von entsprechenden Schulungen zu begegnen; deshalb hatte Professor Anderson als erster vielbesuchte Vorlesungen und Lehrkurse ins Leben gerufen, in denen Arbeiter dadurch, daß sich hier Wissenschaftler und technisch Schaffende begegneten, weitergebildet wurden. Diesem nach Anderson benannten Club gehörte Watt später ebenso an wie der Mathematiker Simpson, der Arzt und Chemiker Vullen und der Chemiker Black.

Professor Anderson, der für diese Einrichtung, die mehr als ein Jahrhundert lang eine „Pflanzstätte technischer Bildung" bleiben sollte, sein ganzes Vermögen opferte, setzte sich nun auch nach Watts Vorsprache mit dem Physikprofessor Dick in Verbindung. Dieser verwandte sich für den völlig Ratlosen wiederum beim Rektorat der 1451 gegründeten alten Universität Glasgow, die innerhalb ihres Bereiches über unumschränkte Freiheit verfügte und James Watt im Hinblick darauf, daß man auf diese Weise einen Mechaniker gewann, der auch die bei der Fakultät ständig anfallenden einschlägigen Arbeiten verrichten konnte, die Erlaubnis erteilte, auf ihrem Gelände in einem Keller eine Werkstätte einzurichten.

Dabei fand Watt von allem Anfange an nachhaltige Unterstützung bei den bereits genannten berühmten Professoren Adam Smith, Joseph Black, Thomas Simpson, bei dem Physiker Clerk und vielen aufgeschlossenen Studenten, darunter vor allem John Robison, der bald zu seinem besten Freund werden sollte. Zum weiteren Vorteil gereichte es dem jungen Watt, daß an dieser Universität, die als erste eine Professur für Ingenieurwissenschaften, ein chemisches Versuchslaboratorium und ein physikalisches Kabinett eingerichtet hatte, die Naturwissenschaften neben den humanistischen völlig gleichberechtigt waren. Außerdem zeigte sich die Leitung der Universität insofern für die damalige Zeit überaus großzügig, als sie Watt die Genehmigung erteilte, hier auch Privatpersonen empfangen und Privataufträge ausführen zu können [16].

Obwohl man auf diese Weise dem jungen Mechaniker, dessen hervorragender Fähigkeiten und Fertigkeiten die Universität sich mit Nutzen bediente, besondere Freiheiten einräumte, ging das Geschäft zunächst weniger gut. Wohl fertigte Watt unter Mitwirkung eines Gesellen wöchentlich drei Quadranten an, die ganze 40 Schillinge einbrachten, doch war deren Absatz sehr gering, da Glasgow auf dem seichten Clyde von den größeren Schiffen gar nicht erreicht werden konnte. Deshalb sah sich Watt gezwungen, seine Erzeugnisse nach Greenock, der Hafenstadt von Glasgow, zu schicken, wo sie sein Vater zum Verkauf anbot. Da er jedoch bald feststellen mußte, daß selbst hier eine weit geringere Nachfrage danach herrschte, als er angenommen hatte, fertigte er in seiner Werkstatt auf Bestellung auch Angelausrüstungen, Brillen, Violinen, Gitarren und Flöten an und reparierte schadhafte Instrumente. Ja, er baute, nachdem er vorher Musiktheorie und Harmonielehre studiert hatte, für Professor Dick und – als dieser Auftrag in hervorragender Weise erledigt wurde – auch für die Freimaurerloge in Glasgow sogar je eine schöne große Orgel, „die das Erstaunen und die Bewunderung aller Musikverständigen hervorrief" [16].

Diese und alle späteren Erfolge fielen Watt, der sich zunächst vorwiegend als Praktiker in die ihm ganz neue Gedankenwelt hineintastete, nicht von allein in den Schoß. Keine seiner Erfindungen war die „mühelose Eingebung des Augenblicks, sondern nur das Schlußglied einer langen Kette von Mühen". Jeder einzelnen von ihnen gingen ebenso aufwendige wie aufreibende Vorbereitungen voraus.

James Watt, auf den namentlich in der Frühzeit seines Schaffens die nicht zu überschätzende Bewegung der naturwissenschaftlichen Aufklärung technischer Kreise von großem Einfluß war, kam auch der besondere Glücksumstand zugute, daß ihm, der als Universitätsmechaniker Geräte aller Art, vor allem die Instrumente für physikalische, astronomische und mathematische Übungen instandzuhalten und auf Verlangen auch neue anzufertigen hatte, bei seinen Untersuchungen alle Hilfsmittel der Universität zur Verfügung standen. So kam es, daß die kleine Werkstatt des „erfinderischen Mechanikers", für den jede der von ihm betreuten Gerätschaften und Maschinen ihr „eigenes Leben" hatte – weshalb er sie nicht nur auf ihre Wirkungsweise hin gründlich durchdachte, sondern auch dahingehend untersuchte, ob Aufwand und Leistung im richtigen Verhältnis zueinander standen – allmählich zu einem geistigen Sammelpunkt wurde.

Hier fanden sich die bekanntesten Gelehrten der Universität ein,
um ihm nicht nur Aufträge und Anweisungen zu erteilen, sondern
– gleich ihren Studenten – mit ihm auch wissenschaftliche Themen
zu diskutieren. Dabei bewiesen ihm viele von ihnen nicht nur ihre
Hochachtung und Gönnerschaft, sondern boten ihm auch ihre
Freundschaft an. Das war um so verständlicher, als der junge Watt
dadurch, daß er neben seiner eigentlichen Brotarbeit viele Vorlesungen an der Universität besuchte, umfangreiche Studien betrieb
und sich bei den in diesem Zusammenhang durchgeführten viel-
seitigen Experimenten umfangreiche Kenntnisse erwarb, durchaus
in der Lage war, sich an diesen wissenschaftlichen Diskussionen
aktiv zu beteiligen. Und indem alle mit ihren kleinen und großen
Nöten zu ihm kamen und bei lebhaftem Gedankenaustausch seine
Hilfe suchten, brachten sie viel neues Wissen und neue Anregungen
aus dieser „besten Quelle der Wissenschaft" mit. Über diese Zeit
berichtete der Jugendfreund und spätere Professor Dr. John Robison, daß er nirgends ein solches Beispiel dafür gesehen habe, „wie
ein Mensch so mächtig alles in sich sog, gleich einem Magneten".
Zu einem späteren Zeitpunkt schrieb er:

Alle jungen Leute, die wegen irgendwelcher wissenschaftlicher Liebhaberei
bekannt waren, wurden Besucher Watts, und sein Zimmer galt als Stelldichein für all dergleichen Leute. Kam irgendeinem von uns eine zu harte Nuß
zwischen die Zähne, so gingen wir zu Watt. Er brauchte nur angeregt zu
werden, alles wurde ihm Ausgangspunkt eines neuen und ernsthaften Stu-
diums. Und wir wußten, daß er es nicht fahrenlassen würde, bis er entweder
seine Bedeutungslosigkeit entdeckt oder etwas daraus gemacht hatte. Einerlei, in welcher Richtung; Sprachen, Altertum, Naturgeschichte, ja sogar Poe-
sie, Kunstkritik, Zivil- oder Kriegsingenieurwesen, er war überall zu Hause
und bereit zu unterrichten. Selten kamen Projekte wie Kanäle, Flußregu-
lierungen, Kartenaufnahmen oder dergleichen in der Gegend zur Erörterung,
ohne daß Watt befragt wurde. Fügt man zu der Überlegenheit des Wissens,
die jedermann zugab, noch die ungezwungene Einfachheit und Lauterkeit
seines Charakters, so ist die Anhänglichkeit seiner Freunde kein Wunder
mehr. Ich habe ein gutes Stück Welt gesehen und muß sagen, daß ich nie
einen zweiten Fall so allgemeiner und herzlicher Zuneigung zu einer Person,
die ihn alle als ihnen überlegen anerkannten, gesehen habe. [28]

Wie sehr Robison schon von allem Anfange an von der ursprünglichen Begabung der jungen Persönlichkeit beeindruckt war, deren
„natürliche Einfachheit ihm das Wohlwollen aller erwarb, die mit
ihm in Berührung kamen", geht aus einem weiteren Bericht hervor,
in dem er über seine erste Begegnung mit Watt ausführt:

Ich suchte einen Handwerker und erwartete nicht mehr, war aber erstaunt, einen Forscher zu finden, jung wie ich selber und doch immer imstande, mich zu belehren. In meiner Eitelkeit glaubte ich, ich sei in meinen Lieblingswissenschaften Mechanik, Physik und Mathematik weit fortgeschritten und war nicht wenig betroffen, Watt mir so überlegen zu sehen, obgleich dieser außerordentlich bescheiden in der Beurteilung seiner Kenntnisse war. Seine Überlegenheit wurde gemildert durch die liebenswürdige Offenheit und sein Bestreben, das Verdienst eines jeden willig anzuerkennen. Ja, er gefiel sich sogar darin, dem Erfindungsgeist seiner Freunde Dinge zuzuschreiben, welche oft nur seine eigenen unter einer anderen Form dargestellten Ideen waren. [28]

Der damals erst zwanzigjährige Student Robison, der sich auch zu dem Ausspruch veranlaßt sah, daß alles unter den Händen des jungen Watt zur Wissenschaft werde, war es auch, der – von dem alten Traum vom selbstfahrenden Dampfwagen erfaßt – 1759 die Gedanken seines um drei Jahre älteren Freundes auf die Expansivkraft des Wasserdampfes lenkte. Indem er dieser eine neue große Zeit prophezeite, versuchte er Watt gleichzeitig anzuregen, darüber nachzudenken, wie sie mit einem Räderwerk in Verbindung gebracht und so zur Fortbewegung von Fahrzeugen heranzuziehen sei. Man hatte sich bisher mit den thermischen Vorgängen beim Wechsel des Aggregatzustandes von Gasen und Dämpfen noch recht wenig beschäftigt. Und diese Betrachtungen erfolgten fast ausschließlich auf der Grundlage der durch ständige Erfahrung bestätigten Axiome. Wohl wußte man, daß Temperaturänderungen nicht nur auf das Volumen, sondern auch auf den Druck eines Gases oder Dampfes Einfluß haben, wie auch mit dem Boyle-Mariotteschen Gesetz bekannt geworden war, daß bei gleichbleibender Temperatur das Produkt aus Druck und Volumen konstant ist. Aber kaum mehr. Deshalb verfolgte Watt den von Robison geäußerten Gedanken zunächst nicht weiter, zumal dieser bald darauf eine Auslandsreise antrat [8].
Im Jahre 1760 ging Watt nach längerer Verlobungszeit mit Margaret Miller, seiner Jugendliebe aus der Verwandtschaft, die Ehe ein, was für ihn um so bedeutsamer werden sollte, als sich diese starke Frauennatur für den weiterhin von nervösen Kopfschmerzen geplagten und deshalb zeitweise zur Schwermut neigenden jungen Mann als die beste Stütze erwies.
Im Jahre 1762 griff Watt Robisons Anregung auf und stellte, sofern es seine Geschäfte erlaubten und bei gleichzeitigem weiterem inten-

sivem Studium physikalischer Grundlagen, Versuche mit Wasserdampf an. Dabei kam ihm die großartige Fähigkeit zugute, jeder Problematik auf den Grund zu gehen, zu beobachten, aus den sinnlichen Wahrnehmungen heraus Fragen zu stellen und dann mit zähester Ausdauer Antworten darauf zu suchen.

Watt wußte aus Büchern um den Papinschen Topf und die mit dem Betrieb von Saverys kolbenloser Hochdruck-Dampfpumpe verbundene Explosionsgefahr. Ebenso war ihm bekannt, daß die Kraft des hochgespannten Dampfes der des atmosphärischen Druckes weit überlegen und in der Lage war, einen Kolben zu bewegen und damit mechanische Arbeit zu verrichten. Er sah ein, daß er sich, wenn er auf diesem Gebiet weiterkommen wollte, nicht auf mechanische Probleme beschränken konnte, sondern physikalische Experimente durchführen mußte. Zunächst benutzte er als Dampfkessel einen Papinschen Topf, auf dessen Deckel er eine Röhre mit beweglichem Kolben als behelfsmäßigen Zylinder setzte. Bei den damit durchgeführten Versuchen öffnete Watt, nachdem er den Kolben vorher beschwert hatte, eine Öffnung, durch die der hochgespannte Dampf, mit dem er das gesteckte Ziel am ehesten zu erreichen hoffte, von dem Topf in den Zylinder strömte und aufgrund seines Überdruckes den belasteten Kolben aufwärts bewegte. Danach wurde der Dampfeinlaß geschlossen, und der Dampf, der auf diese Weise Arbeit verrichtet hatte, trat durch den geöffneten Auslaß aus dem Zylinder, während sich der Kolben gleichzeitig unter seiner Eigenmasse abwärts bewegte.

Diese Versuche mit der Hochdruckmaschine konnten Watt jedoch insofern nicht befriedigen, als ihre Rohre und Dichtungen dem Dampfdruck nicht standhielten und die Abwärtsbewegung des Kolbens immer noch durch die eigene Schwerkraft und nicht durch die Wirkung des Dampfes zustande kam. Deshalb ließ Watt dieses Projekt wieder fallen. Doch griff er das Problem, mit Hilfe der Dampfkraft Arbeit zu verrichten, später wieder auf. Dabei kreisten seine Gedanken zunächst darum, wie der Dampf, diese „geheimnisvolle Kraft", von der Newcomen noch der Meinung war, daß es sich lediglich um „ausgedehnte Luft" handle, zu bezwingen war, um ein Diener des Menschen zu werden. In dieser Zeit angestrengten Nachdenkens stand Watt mit Black, der sich mit Versuchen an Gasen befaßte und dabei auch den Wasserdampf mit einbezog, in einem besonders engen Kontakt. Bereits damals lobte der namhafte Professor, der den bildungsbeflissenen Watt sehr schätzte, dessen „ungewöhnliches mechanisches Wissen und großes praktisches Talent", wobei er nicht vergaß, besonders zu betonen, daß ihn „dessen Originalität im Denken, dessen manuelle Fertigkeit und dessen erfinderische Vielseitigkeit in häufigen Unterhaltungen überrascht und gefreut" habe.

Nachdem sich Watt infolge ständig häufender Arbeiten mit dem zuverlässigen Teilhaber Craig verbunden hatte, der zu seiner großen Genugtuung zur Übernahme der ihm gar nicht liegenden kaufmännischen Geschäfte bereit war, erhielten seine Bemühungen neuen Auftrieb. Ein besonderer Anlaß hierfür ergab sich, als ihm im Winter 1763/64 auf Vermittlung von Professor Anderson die Universität den Auftrag erteilte, das Modell einer für die Lehrtätigkeit dringend benötigten Newcomen-Maschine, die bereits längere Zeit bei einem Londoner Mechaniker vergeblich auf die Beseitigung einer Reihe von Schäden gewartet hatte, in gebrauchsfähigen Zustand zu setzen. Eine Berufsarbeit, die zum Ausgangspunkt seiner bahnbrechenden Erfindung werden sollte.

Als Watt mit der vom mechanischen Standpunkt aus völlig instandgesetzten Modellmaschine die ersten Versuche anstellen wollte, mußte er jedoch erkennen, daß diese für den vorgesehenen Zweck noch nicht verwendbar war. Sie blieb, obzwar der Kessel nach Watts Meinung groß genug sein mußte, infolge Dampfmangels nach einigen Kolbenstößen immer wieder stehen. Außerdem wurde, wie Watt durch Messungen ermitteln konnte, unwahrscheinlich viel Dampf und damit auch sehr viel Kohle für den Betrieb benötigt. Zu diesem von Watt sogleich erkannten Grundfehler kam, daß sie auch recht langsam arbeitete und – gemessen an ihrer Leistung – viel Platz beanspruchte. Andererseits wußte Watt aus Gesprächen mit Fachleuten, daß – sollte der Erz- und Kohlenbergbau und die im Entstehen begriffene und von diesem abhängige Industrie Englands nicht gehemmt werden oder gar zusammenbrechen – in dieser Hinsicht bald ein Wandel eintreten mußte. Vor allem wurde für die großen Pumpen, welche die mit zunehmender Schachttiefe stark ansteigenden unterirdischen Wassermassen aus den Stollen entfernen sollten, eine Energiequelle benötigt, die bei besserer Arbeitsweise und weit geringerem Kohlenverbrauch mehr zu leisten imstande war. Diese damals lebenswichtigste Frage der britischen Wirtschaft zog Watt in ihren Bann.

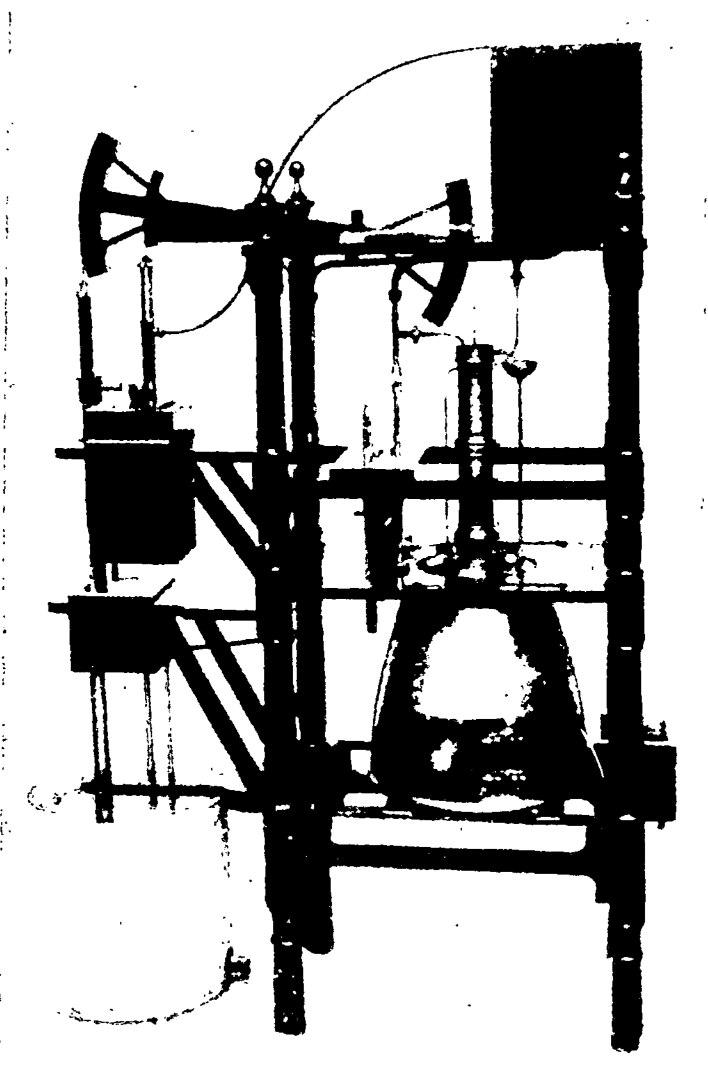

4 Modell einer atmosphärischen Newcomenmaschine um 1750, wie es Watt zur Instandsetzung übergeben wurde

Nun gehörten die Abende und halben Nächte dem planmäßigen
Studium der bisherigen Entwicklung der „Feuermaschinen". Dabei
wurden bei Watt aus der Erkenntnis heraus, daß der Mensch, um
die Grundlage seines Lebens verbessern zu können, die Gesetze
der Natur erforschen müsse, um sie für seine Zwecke nutzen zu
können, die großen Gedanken vor allem von Guericke und Papin,
den er später als „das größte Genie" pries, wachgerufen und neu
durchdacht. Außerdem drang er in Jacob Leupolds Buch „Schauplatz der Maschinen", in dem die Maschinen der Bergbau- und
Hüttenbetriebe im Oberharz behandelt wurden, sowie in die Werke
Desaguliers, Belidors und Smeatons ein. Doch keine dieser Ver-
öffentlichungen brachte eine Erklärung dafür, warum die Modellmaschine von Newcomen trotz so hohen Dampf- und Kohlenverbrauches nur so wenig leistete. Watts Vorhaben, die Arbeiten möglichst aller seiner Vorgänger sorgfältig zu studieren, um diese be-
wußt nutzen zu können, war für ihn insofern überaus schwierig, als
deren wichtigste Werke lediglich in französischer, italienischer und
deutscher Sprache erschienen waren. Da Watt alles beherrschen
wollte, was es an einschlägigen wissenschaftlichen Erkenntnissen
gab, sah er sich gezwungen, unter Mithilfe eines deutschschweizer
Färbers vorher das zeitaufwendige Studium dieser Sprachen auf-
zunehmen, obwohl er verstärkt an Kopfschmerzen, Herzbeklem-
mungen und Schlaflosigkeit litt.
Nachdem Watt – durch Black beim Eindringen in die damals noch
recht kümmerlich entwickelte Wärmelehre wesentlich unterstützt –
die Vergangenheit nach gültigen Erkenntnissen durchforscht, die
Leistungen vieler Generationen vor ihm geprüft, alles, was davon
seinen Ansprüchen standhielt, aufgenommen, eine Reihe entsprechender Überlegungen angestellt und diese in formelartige Extrakte
zusammengefaßt hatte, stellte er diese in den Dienst seiner Arbeit.
Er untersuchte, ob nicht das ungünstige Verhältnis der Gesamt-
oberfläche des Zylinders zum Zylinderinhalt die Ursache des
schlechten Laufes der Maschine sei, er versuchte – wie es vorher
bereits Smeaton getan hatte – den enormen Verbrauch an Dampf
durch günstigere Abmessungen der Einzelteile der Maschine herabzusetzen und manches andere. Dabei mußte er die Erfahrung
machen, daß auf diesem Wege, durch einfaches Aufbauen auf
den materiellen und geistigen Errungenschaften seiner Vorgänger,
nicht weiter voranzukommen war. Watt mußte sich über eine Reihe

von Erscheinungen erst völlige Klarheit verschaffen und – ohne das Erreichte aufzugeben – ganz von vorn anfangen, um nichts zu übersehen. Er mußte einen eigenen Weg suchen, der über alles Bestehende hinausführte.

Die Entwicklung der einfach wirkenden Dampfmaschine mit hubförmiger Bewegung

In der Folgezeit stellte James Watt nicht nur zahlreiche Berechnungen an und überprüfte die bestehenden Theorien, sondern tat auch manchen Schritt in bisher kaum betretenes Neuland. Er mußte in einer Zeit, „die noch nicht die Zusammensetzung des Wassers, auch nicht die Natur der Wärme als eine Kraft [im Sinne der Fähigkeit, Arbeit zu leisten – H. L. S.] kannte, sie vielmehr für einen Stoff hielt", den mühsamen Weg umfangreicher wissenschaftlicher Experimente beschreiten, zumal auf viele der ihn bewegenden Fragen erst die wissenschaftliche Wärmelehre des 19. Jahrhunderts entsprechende Antworten zu geben vermochte. Dabei durfte sich Watt, der vor allem die Natur des Wasserdampfes ergründen wollte, selbst auf das Wenige des bereits Erforschten insofern nicht verlassen, als manches von ihm falsch gesehen, gedeutet und berechnet sein konnte. Und diese Experimente mußten, sollten ihre Ergebnisse untereinander vergleichbar sein, auf eine „auf Maß, Zahl und Gewicht [= Masse – H. L. S.] zurückgeführte Klarheit über diese Verhältnisse" gebracht werden [10]. Erst wenn bei den notwendigen planmäßig durchgeführten Untersuchungen die wesentlichen Fragen geklärt worden waren, konnte an die Bewältigung der eigentlichen erfinderischen Aufgaben herangegangen werden.
Bei diesen weiterführenden Vorhaben kamen James Watt sein stark ausgeprägter methodischer Sinn, sein außerordentliches Gedächtnis, sein schier unerschöpflich erscheinender Einfallsreichtum, sein durchdringender Verstand, der logisch eine Gedankenreihe an die andere anzuknüpfen verstand, und seine ebenso tiefblickende wie alle Einzelheiten erfassende Beobachtungsgabe zugute. Dazu kam neben einer seltenen Vorstellungskraft die besondere Fähigkeit, aus sinnlichen Wahrnehmungen heraus sich immer wieder Fragen zu stellen, danach mit den denkbar einfachsten Mitteln der Natur die Antworten auf diese Fragen abzuringen und aus den Versuchsergebnissen mit überraschender Sicherheit Schritt für Schritt die logischen Schlußfolgerungen für die technischen Lösungen zu ziehen.

Zunächst stellte Watt im mühevollen Ringen um neue Erkenntnisse mit ·einfachsten selbstgebauten Apparaten – für kostspielige Apparatur und großzügige Experimente fehlten ihm die finanziellen Mittel – wissenschaftlich einwandfreie Versuche über das Verhältnis von Druck und Temperatur des Wasserdampfes an und bestimmte das spezifische Dampfvolumen und die Gesamtwärme des Dampfes. Insbesondere interessierte ihn der Druck des Dampfes bei verschiedenen Temperaturen oberhalb des Siedepunktes, bei welchen Temperaturen Wasser unter größerem als atmosphärischem Druck siedet, wieviel Wärme der Dampf an Wasser abgeben muß, um dessen Temperatur zu erhöhen und wieviel an kaltem Wasser zur Kondensation des Dampfes benötigt wurde. In dieser Zeit tat er den für ihn typischen und ihn selbst immer wieder anfeuernden Ausspruch: „Solange beobachten und fragen, bis der Versuch die Antwort gibt."[19]

Als Watt bei nochmaligem Studium eines Werkes von Desaguliers die Erfahrung machen mußte, daß diesem bei der Ermittlung der Dampfmenge, die einer bestimmten Menge Wasser bei Atmosphärendruck entspricht, ein grober Rechenfehler unterlaufen war, wurde er dazu angeregt, dieses Problem noch einmal zu untersuchen. Dabei machte er die Erfahrung, daß – wie er wörtlich in ein von ihm geführtes Tagebuch eintrug – „ein bestimmtes Wasserquantum bei der Verwandlung in Dampf sich auf das Achtzehnhundertfache seines Rauminhaltes ausdehnen kann"[28].

Watt, der aus jeder Kleinigkeit ernste wissenschaftliche Schlußfolgerungen zu ziehen verstand, leitete bestimmte Gesetzmäßigkeiten ab, die für die Verdichtung des Dampfes maßgeblich sind. Mit hinreichender Genauigkeit wurde auch bestimmt, welche Menge an Dampf und Kühlwasser für einen bestimmten Prozeß notwendig war. Die wichtigsten der festgestellten Werte wurden durch Professor Black bestätigt. Auf der Grundlage dieser vervollkommneten Kenntnis über das Wesen des Dampfes wandte er sich dann wieder der Maschine von Newcomen zu [12]. Dabei stellte er fest, daß die für jeden Kolbenhub erforderliche Dampfmenge vier- bis fünfmal größer war als das Zylindervolumen. Er erkannte auch, daß die Hauptursache für diesen hohen Dampfverbrauch darin bestand, daß bei jedem Kolbenhub kaltes Wasser in den Zylinder gespritzt wurde, um durch Kondensation des Dampfes den notwendigen Unterdruck für das Zurücksaugen des Kolbens zu er-

zeugen, während anschließend ein beträchtlicher Teil der Wärme
des neu zugeführten Dampfes wieder zur Erwärmung der dadurch
abgekühlten Zylinderwandung notwendig war. Die Aufhellung dieses Grundfehlers führte ihn zunächst zu der Ansicht, daß die Kondensation des Dampfes im Zylinder schneller bewirkt werden
mußte, damit sich dessen Wandung dabei möglichst wenig abkühlte. Deshalb fertigte er, um diesen Verlust so weit als möglich
herabzusetzen, unter Berücksichtigung der geringeren Wärmeleit-
fähigkeit den Zylinder erst einmal aus Holz statt aus Blech an.
Wohl sank daraufhin der Verlust an Wärmeleitung und -strah-
lung, doch war dadurch, daß sich das Holz bei höheren Temperaturen verzog, eine dampfdichte Führung des Kolbens nicht zu erreichen. Da infolge des dadurch sinkenden Dampfdruckes auch die
Leistung fiel, mußte der Holzzylinder wieder verworfen werden.
Danach untersuchte Watt mit zunehmendem Eifer die Erzeugung
des Unterdruckes durch die Einspritzkondensation und den Stoß
des Kolbens in den unter Unterdruck stehenden Raum. Als er dabei einmal mehr Wasser als sonst einspritzte, um eine möglichst
vollkommene Luftleere zu erreichen, stieg der Dampfverbrauch
zwar ungewöhnlich hoch an, aber das Einspritzwasser verdampfte
dabei teilweise und das Vakuum verschlechterte sich. Watt fand in
diesem Zusammenhang zunächst keine Erklärung dafür, „daß zu
einer vollkommenen Kondensation des heißen Dampfes so viel
kaltes Wasser nötig war, daß dieses wiederum von einer so geringen Menge, wie es in Dampfform den Zylinder füllte, auf eine so
hohe Temperatur gebracht werden konnte" [8].
In dieser Zeit unternahm Watt auch folgenden einfachen Versuch:
Er leitete den Dampf eines Teekessels solange durch eine mehr-
fach geknickte und dabei waagerecht und senkrecht verlaufende
Glasröhre in einem mit Wärmeisolation versehenen Wasserbehäl-
ter, bis das darin enthaltene Wasser siedete und kein Dampf mehr
kondensierte. Dabei schlußfolgerte Watt voll Erstaunen darüber,
welches große Wärmereservoir Wasserdampf darstellt, in seinen
Tagebuchaufzeichnungen aufgrund der Messungen:

Folglich kann Wasser – in Dampf verwandelt – etwa sechsmal sein eigenes
Gewicht Brunnenwasser bis hundert Grad erwärmen … [28]

Watt teilte dies auch seinem Freund Professor Black mit, von dem
er korrekt experimentieren, exakt messen und kritisch urteilen ge-

lernt hatte, der ihn auch zur Erforschung bestimmter Erscheinungen bei Dämpfen angeregt und selbst diesbezügliche Untersuchungen angestellt hatte. Dabei mußte er zu seiner großen Überraschung erfahren, daß dieser schon 1762 die gleiche Feststellung gemacht hatte und bereits seit Sommer 1764 diese Erkenntnis über die verborgene oder latente Wärme seinen Studenten vermittelte. Diese vollkommen unabhängig voneinander gefundenen gleichen Ergebnisse bestätigten sich also gegenseitig und sicherten damit die Entdeckung jener im Dampf aufgespeicherten „Wärmeenergie, die dem siedenden Wasser weiter zugeführt werden kann, ohne dadurch die Temperatur des verdampfenden Wassers zu erhöhen" [34].

Immerhin kam Watt, als er sich auf der Basis wiederholt abgeänderter Versuche mit dem Wesen des Dampfes, insbesondere mit den Größenbeziehungen zwischen Wasser, Dampf, Zylinderfüllung und verdampftem Wasser beschäftigte, trotz der primitiven Hilfsmittel, der er sich dabei bediente, zu Ergebnissen, „die ein halbes Jahrhundert später mit weitaus besseren Mitteln nicht wesentlich genauer erzielt wurden" [10]. Dabei entdeckte er so viel an physikalischen Gesetzen, daß dies allein ausgereicht hätte, um ihn als Entdecker zu würdigen, ein Verdienst, das jedoch im Schatten seines späteren Erfinderruhmes verblaßte. Jedenfalls vertrat der französische Physiker François Arago, der das Leben des Erfinders später im Rahmen eines Akademievortrages behandelte, bei der Aufzählung der von Watt vor seiner Haupterfindung angestellten Untersuchungen die Auffassung, allein sie wären schon „Stoff genug gewesen, das Leben des fleißigen Naturforschers auszufüllen" [10].

Bei der weiteren Suche nach dem enormen Dampfverbrauch der Maschine von Newcomen beobachtete Watt, daß sich der in den Zylinder einströmende Dampf an den vorher durch Einspritzkondensation gekühlten Zylinderwänden schon vorzeitig niederschlug, so daß der Kessel, obgleich er relativ groß war, nicht genug Dampf liefern konnte und das Maschinchen deshalb nach kurzer Zeit immer wieder stehen blieb. Mit dem damit verbundenen Temperaturabfall war ein beträchtlicher Verlust an Wärmeenergie und somit Spannkraft verbunden. Andererseits vermochte man in dieser Maschine ein nur recht unvollkommenes Vakuum zu erzeugen, da sich das zwecks Kondensation eingespritzte Wasser an der vorher durch Dampf erhitzten Zylinderwandung schnell erwärmte. Da auf diese Weise – wie Watt feststellte – nicht weniger als $^4/_5$ der gesamten Dampfmenge verlorengingen und somit nur $^1/_5$ zur Bewegung des Kolbens zur Verfügung stand, war der Arbeitshub verständlicherweise überaus schwach [16].

Diese und andere zahlenmäßig fundierte Feststellungen ließen Watt nicht nur staunen, sondern zwangen ihn zu eingehendem Nachdenken darüber, wie dieser ermittelten Dampf- und Brennstoffverschwendung zu begegnen sei. Bis ihn weitere Versuche noch stärker in der Erkenntnis bestärkten, daß der große Verbrauch an Dampf, Wärme und Kohle bei der Maschine von Newcomen vor allem darauf zurückzuführen war, daß der Zylinder „bei Dampfeintritt so heiß wie möglich und bei der Kondensation so kalt wie möglich sein muß; heiß, damit nicht allzu viel Wärme an die Zylinderwand abgegeben wird; kalt, damit ein gutes Vakuum entsteht" und danach der atmosphärische Druck um so nachhaltiger wirken konnte [39]. Unzweifelhaft lag, wie er erkannte, in diesen sich widersprechenden Bedingungen die eigentliche Quelle der großen Verluste. Somit bestand der grundsätzliche Mangel dieser Maschine „in der Verbindung von Zylinder und Kondensation in einem Gefäß", ein Grundübel, dem mit kleinen Verbesserungen nicht beizukommen war.

So klar Watt diese Problematik auch erkannte, der innere Widerspruch, den diese Maschine in sich trug, erschien ihm zunächst als ein unübersteigbares Hindernis. Trotzdem stellte er sich aufgrund seiner praktischen Untersuchungen und ernsthaften theoretischen Überlegungen nun die Aufgabe, eine Maschine zu entwickeln,

bei der der Zylinder stets so heiß wie der zugeführte Frischdampf war und bei der die Kondensation soweit geführt wurde, daß der abgekühlte Dampf auf die Temperatur der äußeren Luft sank [34].

Auf diese Weise mußte die denkbar beste Ausnutzung des Dampfes möglich sein. Wie dieses Vorhaben praktisch zu verwirklichen war, wußte er freilich noch nicht, denn er stand, obzwar bereits jahrhundertelange Vorarbeit geleistet worden war, immer noch „an der Schwelle der revolutionären Umwälzung auf dem Gebiet der Kraftmaschinen und immer noch am Anfang einer wissenschaftlichen Wärmelehre" [34]. Bis ihm – nicht durch Inspiration, sondern durch planmäßiges, oft quälerisches Nachdenken – aus

der Erkenntnis heraus, daß die Leistungsfähigkeit der Maschine,
solange ein Gefäß gleichzeitig als Kessel, Zylinder und Kondensator genutzt wurde, noch sehr unvollkommen sein mußte, an
einem Frühlingstag des Jahres 1765 die erlösende Idee kam, die
Kondensation des Dampfes räumlich vom Dampfzylinder zu tren-
nen. Über diesen grundlegenden Erfindungsgedanken, mit dem ihm
erst zehn Jahre nach dem Aufgreifen der schwierigen Problematik
die entscheidende Verbesserung der „Feuermaschine" gelang,
äußerte er sich auf eine Anfrage hin folgendermaßen:

Eines Sonntagsnachmittags hatte ich im Glasgower Grün einen Spaziergang
unternommen, als ich halbwegs zwischen Hirts Haus und Arns Brunnen
war und meine Gedanken natürlicherweise mit jenen Experimenten beschäftigte, die ich gerade anstellte. Um Wärme im Zylinder zu sparen, so
kam mir eben auf jener Wegstrecke der Gedanke in den Sinn, daß, weil
Dampf ein elastischer Dunst ist, er sich ausdehnen und in einen vorher
luftleer gemachten Raum stürzen würde; ich überlegte mir, daß ich nur
einen luftverdünnten Raum in einem getrennten Gefäß herzustellen brauchte
und von diesem Gefäß aus eine Verbindung zu dem Zylinder machen
müßte. Dann wird der Dampf aus dem Zylinder in das luftleer gemachte
Gefäß stürzen, und die Maschine kann arbeiten. [10]

Und ergänzend berichtete der Erfinder bei einer anderen Gelegenheit, daß

... wenn man einen Zylinder, der Dampf enthält, und ein anderes Gefäß,
aus welchem man die Luft und andere Flüssigkeiten entfernt hätte, in Verbindung brächte, der Dampf als elastische Flüssigkeit unmittelbar in das
leere Gefäß stürzen würde, und zwar so lange, bis ein Gleichgewichtszu-
stand herrscht; wenn man dieses Gefäß durch Einspritzung oder anderswie
sehr abkühlte, so würde weiterer Dampf eindringen, bis er ganz niedergeschlagen wäre. Wenn aber beide Gefäße ganz oder fast entleert wären,
wie sollte man das Einspritzwasser, die Luft, die mit diesem hineingekom-
men war, und das Kondenswasser herausbekommen? Das ließ sich auf
zwei Wegen erreichen: der eine war, an dem zweiten Gefäß eine Röhre
anzubringen, die mehr als 34 Fuß [etwa 10,5 m – H. L. S.] abwärts reichte,
durch die das Wasser abfließen würde, während man die Luft [hier erinnerte sich Watt offenbar an Guerickes Versuche – H. L. S.] mit Hilfe einer
Pumpe hinausschaffen müßte. Der zweite Weg war eine oder mehrere
Pumpen anzuwenden, um Luft und Wasser heraus zu bringen, das würde
wohl anwendbar sein, auch da, wo weder Brunnen noch Schacht vorhanden
wäre. [8]

Mit dieser einzigartigen Erkenntnis war das vorher geradezu un-
lösbar erschienene Problem, mit Hilfe von Dampf unter dem Kol-

ben einen Unterdruck zu erzeugen, ohne daß der Zylinder durch Einspritzen von kaltem Wasser abgekühlt wurde, mit einem Male gedanklich gelöst. Das damit erfundene selbständige, ebenso einfache wie zweckmäßige Kondensiergerät, das Watt „Kondensator" nannte, sollte dadurch dauernd auf der erforderlichen niedrigen Temperatur gehalten werden, daß eine von der Maschine selbst angetriebene Pumpe ständig kaltes Wasser einspritzen sollte, während von einer zweiten das kondensierte Wasser – einschließlich der mit diesem eingedrungenen Luft – in den Kessel gedrückt wurde. Auf diese Weise mußte infolge der dadurch möglichen Wasservorwärmung im Kessel eine wesentliche Ersparnis an Brennstoff zu erzielen sein.

Diese erste und bedeutendste Erfindung Watts stellte insofern eine bahnbrechende Entwicklung von großer Tragweite dar, als die vorher abwechselnde Erhitzung und Abkühlung des Zylinders, durch die bisher so viel Dampf verbraucht wurde, ausgeschaltet war, so daß der Wirkungsgrad der Maschine nun von 0,5 auf 2% hochschnellte. Eine Erfindung, die allein dazu ausgereicht hätte, um Watt unter die größten Erfinder einzureihen.

Anschließend ergaben sich, wie Watt selbst schreibt, auf der Basis „unausgesetzten Nachdenkens, das allein zur Erfindung führt", durch einfache logische Folgerungen aus dem heute so selbstverständlich erscheinenden Erfindungs-Grundgedanken innerhalb der erstaunlich kurzen Zeit von zwei Tagen ungezwungen eine Reihe weiterer wesentlicher Verbesserungen, „gewissermaßen nur als Ergänzung und von selbst", die ihn mit Riesenschritten dem Ziele näherführten [10].

So war die Abdichtung des Kolbens, die bei der Maschine von Newcomen durch eine auf der oberen Kolbenfläche schwimmende Wasserschicht erfolgte, jetzt nicht mehr möglich, da das Wasser infolge des nun ständig heißen Zylinders schnell verdampfte. Deshalb dichtete ihn Watt jetzt mit einer gefetteten Hanfpackung ab, die allerdings nur einen geringen Druck und niedrige Temperaturen gestattete.

Da außerdem die über dem Kolben eindringende Luft den oben offenen Zylinder stark abkühlte und – sofern größere Leistungen benötigt wurden – der atmosphärische Druck als eigentlich treibende Kraft von unveränderlicher Größe sehr große Zylinder forderte, entschloß sich Watt nun kurzerhand, diesen als Triebkraft völlig auszuschalten und stattdessen den Dampfdruck unmittelbar wirken zu lassen. Das geschah durch die Konstruktion eines neuen Zylinders, der auch oben durch eine Platte abgeschlossen war. In deren Mitte bewegte sich unter der Spannkraft des Dampfes die Kolbenstange durch eine kreisrunde Öffnung, die mit der bisher unbekannten Stopfbüchse abgedichtet wurde. Dadurch konnte der Dampf jetzt auch über den Kolben geleitet werden, diesen an Stelle der atmosphärischen Luft herabdrücken und – während die Aufwärtsbewegung des Kolbens durch eine Beschwermasse am anderen Ende des Schwinghebels bewirkt wurde – unter den Kolben treten. Damit war beim Arbeitshub nun nicht mehr – wie bei Newcomens Maschine – der Luftdruck, sondern zum ersten Male in der Geschichte der Dampfmaschine der Dampfdruck selbst die alleinige unmittelbar treibende Kraft. Eine bedeutsame Verbesserung nicht nur vom wärmetechnischen Gesichtspunkt, durch den die ganze Maschine von Grund auf umgewandelt wurde.

Schließlich sollte, um die starke Wärmeableitung und -strahlung des jetzt stets heißen Zylinders herabzusetzen, dieser mit einem größeren Mantel umgeben werden, damit der dadurch entstehende Zwischenraum wärmeisolierenden Dampf aufnehmen konnte.

In der Folgezeit stellte Watt wiederum eine Reihe von Versuchen an, die erstaunen lassen, mit welchen primitiven Mitteln er in der Lage war, Bedeutendes zu leisten. Nachdem er auf diese Weise durch eigene Messungen und tiefgründiges Überlegen viel Zeit und manches Pfund Sterling verbraucht hatte, machte er sich, um die Ausführbarkeit seines Erfindungsgedankens praktisch nachzuweisen, an die Herstellung des ersten „Dampf"-Maschinen-Modells, das als zwar unansehnlicher, jedoch geschichtlich denkwürdiger Versuchsapparat der „Watt-Collektion" noch im Kensington-Museum in London zu sehen ist. Über seine Anfertigung berichtete der Erfinder:

Ich nahm eine große Messingspritze, eindreiviertel Zoll Durchmesser [≈45 mm – H. L. S.] und zehn Zoll [≈250 mm – H. L. S.] lang, machte aus Zinnblech einen Deckel und Boden daran, dazu eine Röhre, die (zu der als Zylinder dienenden Spritze) vom Kessel her den Dampf nach beiden Enden des Zylinders führen sollte; eine zweite Röhre hatte den Dampf von dem oberen Ende des Zylinders nach dem Kondensator zu leiten – denn um Apparat zu sparen – kehrte ich den Zylinder um (so daß die Kolbenstange nach unten ging und das Vakuum oberhalb des Kolbens erzeugt wurde); ich bohrte der Länge nach durch die Kolbenstange ein Loch und

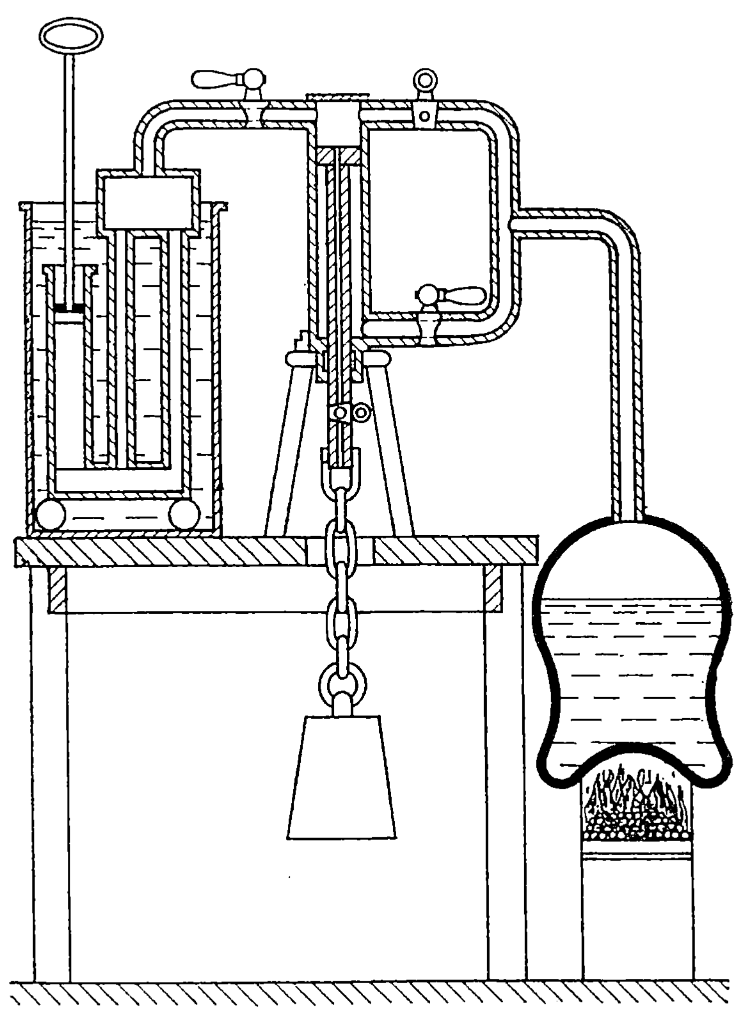

5 Wattsches Modell einer Dampfmaschine mit getrenntem Kondensator 1765 [10]

befestigte am unteren Ende ein Ventil, das Wasser herauszulassen, das bei der ersten Zylinderfüllung durch den verdichteten Dampf entstehen würde. Der Kondensator, den ich benutzte, bestand aus zwei Röhren dünnen Zinnbleches, zehn oder zwölf Zoll [≈ 250 oder 300 mm – H. L. S.] lang und ein Sechstel Zoll [≈ 4 mm – H. L. S.] Durchmesser. Diese Röhren standen

senkrecht und waren oben in Verbindung mit einer kurzen waagerechten
Röhre großen Durchmessers. Letztere hatte auf der Oberseite eine Öffnung, die durch ein nach außen gehendes Ventil geschlossen wurde. Diese
Röhrchen wurden unten verbunden mit einer anderen senkrechten Röhre,
die als Luft- und Wasserpumpe diente. Beide Kondensationsröhrchen und
die Luftpumpe wurden in eine kleine, mit kaltem Wasser gefüllte Büchse
gestellt. Diese Konstruktion des Kondensators wurde gewählt, weil ich
wußte, daß Wärme sehr rasch dünne Metallplatten durchdrang, und be-
dachte, daß, wenn keine Einspritzung in ein luftleer gemachtes Gefäß erfolgte, nur das Wasser, aus dem der Dampf bestanden hatte, und die Luft,
die mit dem Dampf oder durch undichte Stellen eintrat, herauszuschaffen
wären. Die Dampfröhre wurde an einem kleinen Kessel befestigt.
Der erzeugte Dampf wurde in den Zylinder gelassen und trat bald durch
die Höhlung der Kolbenstange und am Ventil des Kondensators aus. Als
angenommen werden konnte, daß die Luft hinausgetrieben war, wurde der
Dampfhahn (der den Kessel mit dem Zylinder verband) geschlossen und
die Luftpumpenkolbenstange in die Höhe gezogen; sie ließ dadurch die
kleinen Röhrchen des Kondensators im Zustand eines luftverdünnten Raumes, der Dampf schoß da hinein und wurde (weil die Kondensationsröhrchen von kaltem Wasser umspült waren) verdichtet. Unmittelbar darauf ging
der Kolben des Zylinders in die Höhe und hob damit ein Gewicht [=Masse –
H. L. S.] von achtzehn Pfund, das ans untere Ende der Kolbenstange ge-
hängt war. Der Auspumphahn (der den Zylinder mit den Kondensator-
röhren in Verbindung setzte) wurde geschlossen, der Dampf von neuem
in den Zylinder gelassen und der Vorgang wiederholt; die Menge verbrauchten Dampfes und gehobenen Gewichtes wurde beobachtet, und, ganz abgesehen von der Nichtanwendung eines Dampfmantels und äußerer Umklei-
dung, war die Erfindung vollständig, soweit die Ersparung von Dampf und
Brennstoff in Betracht kam. [10]

Die wesentliche Neuerung an diesem Modell war somit der vom
Zylinder getrennte Kondensator, mit dessen Hilfe Watt, wenn er
den Hahn zum dampfgefüllten Zylinder öffnete, einen hohen Unterdruck erreichte. Watt brauchte weder – wie Papin – zwischen-
durch immer wieder zu warten, bis nach umständlichem Hantieren
über der Feuerstelle im Zylinder die notwendige Dampfmenge
erzeugt war, noch – wie Newcomen – abzuwarten, bis der während der Kondensation abgekühlte Zylinder wieder erwärmt war.
Dadurch konnte der Arbeitsvorgang nicht weniger als sechzigmal
in der Minute wiederholt werden.
Damit, daß durch das kleine Modell die Richtigkeit der Ideen
von Watt bestätigt wurde, war mit einer prinzipiell neuen Maschine ein weit über die Maschine von Newcomen hinausgehender
entscheidender Schritt nach vorn getan worden. Der Feinmechaniker Watt empfand darüber eine große tiefe Freude, ohne zu ahnen,

welche ungeheuren Schwierigkeiten noch auf den Maschinenbauer
warteten, um eine praktisch brauchbare Maschine zu erhalten.
Zweifellos hätte er, wenn er die Schwere der noch folgenden mehr
als eineinhalb Jahrzehnte vorausgesehen hätte, wohl kaum den
Mut aufgebracht, in dieser Richtung weiterzuarbeiten. Denn immerhin handelte es sich nach wie vor nur um ein Modell, das noch
in den Einzelheiten ausgearbeitet und den praktischen Erforder-
nissen angepaßt werden mußte.
Kurz darauf ging Watt an den Bau eines neuen, größeren Modells,
um an diesem weitere Verbesserungen vornehmen zu können. Darüber berichtet er:

Ein großes Modell mit einem äußeren Zylinder und einem hölzernen Be-
hälter darum wurde gleich danach hergestellt. Die damit gemachten Versuche bestätigten die Erwartungen, die ich hegte, und erhoben den Vorteil
der Erfindung über jeden Zweifel. Später wurde es dienlich gefunden, den
Röhrenkondensator [= Oberflächenkondensator – H. L. S.] durch ein
leeres Gefäß [= Einspritzkondensator – H. L. S.] zu ersetzen, ge-
wöhnlich von zylindrischer Form, in das eine Einspritzung spielte, und weil
nunmehr Wasser und Luft herauszubringen war, mußte die Luftpumpe vergrößert werden. Diese Änderung wurde vorgenommen, weil zur Verdichtung des Dampfes einer großen Maschine eine genügend ausgedehnte Oberfläche beschafft werden mußte, der Röhrenkondensator aber alsdann einen
zu großen Raum beansprucht hätte und weil durch das schlechte Wasser,
womit die Maschine häufig gespeist wird, die Zinnplatten überkrusteten
und so verhindert haben würden, die Wärme rasch genug nach außen ab-
zugeben. Die Zylinder wurden mit ihren Mündungen nach oben gestellt
und mit einem Arbeitsbalken, dem Balancier, und anderen Vorrichtungen
versehen, die in den alten Maschinen üblich waren, denn die Umkehrung
des Zylinders oder richtiger – nur der Kolbenstange – im Modell war ja
nur ein Mittel gewesen, leichter die neue Erfindung zu versuchen, bei
großen Maschinen unterlag sie manchen Bedenken. [10]

Da Watt die im Modell vollendete Maschine möglichst bald in
den Gruben zum Auspumpen der von unterirdischem Wasser immer mehr bedrohten Bergwerksstollen einsetzen wollte, ging es
nun darum, eine erste größere Versuchsmaschine zu bauen. Allerdings mußte in dieser fortgeschrittenen Phase der Entwicklung
der Erfindung damit gerechnet werden, daß diese in der ebenso bescheidenen wie stark besuchten Werkstatt des Erfinders an der
Universität von anderen leicht ausgekundschaftet, nachgebaut oder
die ihr zugrunde liegende Idee von Unbefugten vielleicht sogar zum
Patent angemeldet werden konnte, zumal deren Arbeits- und

Bauweise noch nicht gesetzlich geschützt waren. Deshalb brachte er mit seinem Gesellen John Gardiner seine Modelle und eigenen Werkzeuge jetzt in eine aufgelassene Töpferei der Stadt. Da er hier – „geschützt vor Späheraugen" – seine Erfindung in aller Heimlichkeit und Stille bis zur Praxisreife führen wollte und sich dadurch weniger um die räumlich entfernte mechanische Werkstatt an der Universität kümmern konnte, mußte er diese Tätigkeit, der er sich sechs Jahre gewidmet hatte, nach einiger Zeit aufgeben. Andererseits wollte er mit Weib und Kind leben und außerdem sein erfinderisches Vorhaben finanzieren. Deshalb sah er sich gezwungen, nebenbei Musikinstrumente zu reparieren und später auch als Feldmesser am Mondlandkanal zu arbeiten.

Bei dem Bau dieser Versuchsmaschine mit 455 mm Zylinderdurchmesser und 1525 mm Hub, mit deren Hilfe er auch den angestrebten Patentanspruch zu begründen gedachte, gab es infolge des niedrigen technologischen Standes, der unzureichenden Werkzeuge und Werkstoffe vor allem bei der Herstellung ihres Kernstückes, des Zylinders, große Probleme. Watt hatte zwar von allem Anfange an erkannt, daß die dabei geforderte Genauigkeit nur durch ein exaktes Ausbohren eines gegossenen Zylinders zu erreichen war, jedoch mangelte es in ganz Glasgow sowohl an einer entsprechenden Bohrtechnik als auch an den hierfür geschulten Handwerkern. So sah er sich genötigt, den relativ großen Zylinder durch seinen Gehilfen und einen alten Spengler mühsam aus Blech fertigen zu lassen. Aber ehe das geschehen war, starb inmitten der aus eigenen bescheidenen Mitteln geführten stillen, zähen Arbeit einer seiner Helfer. Doch Watt, der als Feinmechaniker noch immer zu keinem hinreichend versierten Maschinenbauer geworden war, mühte sich mit dem anderen weiter, obgleich sein schwacher Körper die Anstrengungen der unablässigen, oft bis zur physischen Erschöpfung getriebenen Arbeit nur unter großen Beschwerden ertrug und er sich in dieser Zeit selbst krank fühlte. Dazu kam, daß bald darauf sein Partner Craig starb. Dadurch stand der in Geldsachen peinlich denkende Mann, den die bisherige Entwicklung seiner Maschine schon 1000 Pfund Sterling gekostet und der deshalb bereits Schulden gemacht hatte, bei der Verwirklichung seiner Ideen in einer größeren Maschine vor kaum überwindbaren Schwierigkeiten. Dies um so mehr, als dieses Vorhaben noch weitere Tausende Pfund erforderte, weshalb der ideenreiche Erfinder zu zweifeln begann, ob er hierfür jemals einen ebenso kapitalkräftigen wie wagemutigen Unternehmer interessieren könnte, der sein Geld in ein Unternehmen stecken würde, dessen Erfolg noch nicht abzusehen war. Da er sich den Schwierigkeiten des praktischen Lebens ohnehin nicht gerade gewachsen fühlte, deprimierte ihn diese aussichtslos erscheinende Situation so, daß er bei diesem Vorhaben bereits den Glauben an sich und seine Zukunft zu verlieren begann. Wahrscheinlich wäre er wohl auch von dieser Last zu Boden gedrückt worden, wenn ihm nicht seine tapfere Frau Margaret dabei eine unerschütterliche Stütze gewesen wäre. Was Wunder, wenn seine Freunde äußerten, daß er „ohne die liebevolle Sorgfalt seines Weibes die Tage der Versuchung und Enttäuschung nicht überstanden" hätte.

Die Zusammenarbeit mit John Roebuck

In dieser Zeit starker seelischer Bedrückung vertraute sich James Watt seinem Freunde Professor Black an, der an der bisherigen Entwicklung seiner Erfindung nicht nur regen Anteil nahm, sondern ihm nicht selten mit eigenen Mitteln über manche finanzielle Verlegenheit hinweggeholfen hatte. Und Black erwies sich auch in dieser fast aussichtslos erscheinenden Situation als Retter: Er empfahl Watt dem außerordentlich unternehmenden Industriellen und Erfinder Dr. John Roebuck. Dieser – ein Freund des Philosophen David Hume – hatte Medizin und Chemie studiert, sich in Birmingham als Arzt niedergelassen und mit der erstmaligen Verwendung von Steinkohle an Stelle von Holzkohle, durch deren bisherigen Einsatz die Wälder stark dezimiert worden waren, ein neues Eisenschmelzverfahren entwickelt, das ihn berühmt machte. Darüber hinaus hatte er mehrere Verfahren zur Schmelze von Edelmetallen, zur Gewinnung verschiedener Chemikalien, insbesondere aber von Schwefelsäure in Bleikammern, erfunden. Nachdem er im Jahre 1749 in Schottland eine glänzend gehende Schwefelsäure- und danach je eine Porzellan- und Tonfabrik errichtet hatte, gründete er unter finanzieller Beteiligung seiner Verwandten und Freunde mit dem 1760 erfolgten Anblasen des ersten Koks-Hochofens das bald berühmt gewordene Carron-Eisenwerk, das als erstes dieser Art in Schottland zum Grundstein der schottischen Eisenindustrie wurde.

Da Roebuck, dessen Kühnheit nicht weniger bestaunt wurde, außerdem die Ausbeute reicher Kohlenlager in Angriff genommen hatte und in diesem Zusammenhang längst nach einer Antriebsmaschine Ausschau hielt, die leistungsfähiger war als die im Einsatz befindliche Maschine von Newcomen, um die mit dem ständig tieferen Abteufen zunehmenden Grubenwasser aus größeren Tiefen fördern zu können, kam ihm der Hinweis von Professor Black auf die in Entwicklung befindliche Dampfmaschine von James Watt sehr gelegen. Deshalb schloß er als weitsichtiger Kopf, der von der Entwicklungsfähigkeit der Wattschen Erfindung von allem

Anfange an überzeugt war und deren Bedeutung für sein Arbeitsgebiet erkannte, im September 1765 mit dem Erfinder eine Vereinbarung ab. Aufgrund dieser wurden von Roebuck nicht nur die für die Weiterentwicklung der Maschine erforderlichen finanziellen Mittel bereitgestellt, sondern auch die von Watt bereits für die Maschine verausgabten 1000 Pfund Sterling vergütet. Darüber hinaus sollten die Kosten des von Watt zur gegebenen Zeit zu beantragenden Patentes von Roebuck getragen werden. Dafür sollte Roebuck an dem aus der Erfindung erhofften Gewinn mit $^2/_3$ und Watt mit $^1/_3$ beteiligt sein. Schließlich sollte es Watt ermöglicht werden, sich nun ungestört ganz seiner Maschine widmen zu können.

Damit begann Watt, frei von finanziellen Sorgen, in unmittelbarer Nähe seines Geldgebers, der nahe seinen Bergwerken den früheren Edelsitz des Herzogs Hamilton in Kinneil House am Firth of Forth bezogen hatte, voller Hoffnung seine erste größere Versuchsmaschine weiter zu entwickeln. Hier standen ihm für sein Vorhaben nicht nur genügend Hilfsmittel, sondern auch die benötigten Arbeitskräfte zur Verfügung, vor allem Schmiede und Gießer. Watt konstruierte, wies die Leute an, baute selbst mit und gestand in dieser Zeit einem seiner Freunde:

Alle meine Gedanken sind auf die Maschine gerichtet; ich kann an nichts anderes mehr denken. [8]

Trotzdem lief nicht alles so glatt, wie er sich gedacht hatte. Manches Mißgeschick stellte sich ein, denn in dieser Zeit, da noch immer Holz der bevorzugte Baustoff für Maschinen war und deshalb Zimmermann und Tischler die eigentlichen Maschinenbauer waren, standen auch die Arbeiter des Carron-Werkes bei dieser Aufgabe vor etwas völlig Neuem. Feinmechaniker Watt brachte ihnen aus dem Wissen heraus, daß vor allem von der Güte ihrer Arbeit der Erfolg seiner Maschine abhing, die wichtigsten Fähigkeiten und Fertigkeiten für die Bearbeitung von Metall bei und leitete sie bei der Anwendung der teilweise von ihm selbst entwickelten Feinmeßwerkzeuge an, insbesondere bei der Handhabung seines Mikrometers, von dem noch ein Exemplar im Londoner Kensington-Museum zu sehen ist. Trotzdem entsprachen die von ihnen hergestellten Maschinenteile, an die bei der Spezifik dieser Maschine höhere Ansprüche gestellt wurden, auch hier vielfach noch nicht den Anforderungen. Dabei wußte Watt nur zu gut, daß nur dann ein Erfolg erwartet werden konnte, wenn die „mathematische Genauigkeit in der Herstellung jedes einzelnen Bestandteiles gesichert" war.

James Watt war aufgrund dieser neuen unerwarteten Schwierigkeiten auch in dieser Zeit oft nahe daran, den Mut zu verlieren, jedoch der optimistische Roebuck, der als Fachmann erkannt hatte, daß diese Fehlschläge nicht im Arbeitsprinzip der Maschine ihre Ursache hatten, sondern auf die zum Teil mangelhaft hergestellten Elemente der Maschine zurückzuführen waren, stand ihm treu zur Seite und spornte ihn mit den eindringlichen Worten zur Weiterarbeit an:

Lassen Sie sich nicht den wertvollen Erfolg Ihres Lebens entgleiten! Nicht einen Tag, nicht einen Augenblick dürfen Sie jetzt ungenutzt vorübergehen lassen! Sie sollten sich durch keinen fremden Gedanken von Ihrer eigentlichen Aufgabe abbringen lassen, sondern nur daran denken, wie Sie Ihre Maschine, wie sie Ihnen im Geiste vorschwebt, in der rechten Art und Form verwirklichen können. [16]

So mochte Roebucks Frau nicht unrecht gehabt haben, wenn sie sich dahingehend äußerte, daß Watt ohne das ständige Einwirken ihres Mannes seine Erfindung wohl bereits in dieser Phase der Entwicklung aufgegeben haben würde.

Da neben der mangelhaften Technik der Zylinderherstellung eine weitere Ursache des bisherigen Mißlingens des Unternehmens darin bestand, daß die zur Unterstützung Watts eingesetzten Arbeiter für die ihnen übertragene Aufgabe noch nicht hinreichend geschult waren, sah sich der Erfinder immer wieder gezwungen, nachhaltig anleitend einzugreifen. Trotzdem ging es mit der Maschine nur schleppend voran. Deshalb traf der in dieser Zeit ebenso überarbeitete wie enttäuschte Watt, der seinem Partner finanziell nicht mehr in diesem Umfange zur Last fallen wollte, mit Roebuck im Jahre 1766 die Vereinbarung, von den Carron-Werken und anderen Betrieben auch Aufträge anderer Art gegen Bezahlung anzunehmen, um auf diese Weise den Lebensunterhalt für seine Familie zu bestreiten. Unterdessen sollten neue, erfahrungsreichere Mechaniker, die auch in der Lage waren, Zeichnungen zu lesen, nach Watts Anweisungen an der Maschine weiterarbeiten.

So führte Watt, wobei er von seinen meßtechnischen und mathematischen Kenntnissen und Fertigkeiten Gebrauch machte, in einer

Zeit, da die industrielle Revolution eine Revolution der Transport-
wege bedingte, als Zivilingenieur und Geometer in einer der trost-
losesten Gegenden bei schweren Stürmen Vermessungsarbeiten für
den Kanal- und Straßenbau durch, zumal auch die Carron-Werke
für den Transport von Rohstoffen und Fertigwaren dringend Ver-
bindungen mit den Gruben und zu dem Meer benötigten. Dabei
nahm er auch manche Verbesserung an Nivellierinstrumenten
vor.
Mit dieser Arbeit kam er auch gut zurecht. Um so schwerer fiel
ihm der Umgang mit den hartnäckigen Politikern des Parlaments,
als er im Jahre 1767 nach London reisen mußte, um für die
Durchführung bestimmter Kanalbauten die erforderliche Genehmigung einzuholen. Zwar gelang es ihm, auch diese zu erhalten,
doch führte er die damit verbundenen Verhandlungen in der britischen Hauptstadt mit großem Widerwillen, zumal er – wie er
sich über die dort vorgefundenen Parlamentarier äußerte – „nie
eine größere Menge fauler Köpfe gesehen" habe [10].
Im gleichen Jahr wurde Watt, durch Roebuck dazu angeregt, auch
Mitglied der 1765 gegründeten Gesellschaft Lunar Society zu Birmingham, in deren Rahmen sich jeweils am ersten Montag nach
Vollmond die hervorragendsten Männer der „unterschiedlichsten
Wesensart und Erlebnissphäre" trafen, um sich in lebhaften Gesprächen über Wissenschaft, Technik und Literatur auszutauschen
und – wie bei dem „Anderson-Club" in Glasgow – zwischen Wissenschaftlern und technischen Praktikern einen engen Kontakt zu
pflegen. Der führende Kopf war Dr. Erasmus Darwin, der Großvater von Charles Darwin, der sowohl als vielbeschäftigter Land-
arzt als auch als Schriftsteller von sich reden machte, zumal er mit
den fortschrittlichsten wissenschaftlichen Gedanken seiner Zeit
Schritt hielt. Um ihn scharten sich unter anderem der Botaniker
Withering, der führende Chemiker Joseph Priestley, der Astro-
nom Friedrich Wilhelm Herschel und Dr. William Small. Letzterer
– wahrscheinlich Gründer dieser „Mondgesellschaft" – hatte infolge des ihm nicht zuträglichen Klimas seine Stellung als Professor der Mathematik und Naturwissenschaften in Virginia aufgegeben und war – mit einem Empfehlungsschreiben des nordameri-
kanischen Staatsmannes und Naturforschers Benjamin Franklin
versehen – in das „Ingenieurunternehmen" von Matthew Boulton
in Soho bei Birmingham eingetreten. Mit Small, der die Bedeutung

54

seines Landsmannes Watt sogleich erkannte und ihn deshalb nachhaltig förderte, unterhielt der Erfinder in der Folgezeit einen regelmäßigen Briefwechsel. Dieser Verbindung und den freimütigen Begegnungen mit den anderen Persönlichkeiten der Gesellschaft verdankte Watt, wie aus verschiedenen seiner Briefe hervorgeht, eine Fülle wesentlicher wissenschaftlich-technischer Anregungen, wie sich in seinem Schaffen selbst die durch die Aufklärungsbewegung geweckte „glückliche Verbindung von praktisch-technischem Können und wissenschaftlichen Kenntnissen" offenbart [39].

Im August des Jahres 1768 sah sich der zweiunddreißigjährige Erfinder, dem – wie den meisten Naturen dieser Art – „die geringste Spur von Geschäftsgeist" fehlte und dessen ganzes Sinnen und Trachten auf die Vervollkommnung der Maschine gerichtet war, erneut gezwungen, bei den unbeliebten Politikern in London vorzusprechen. Diesmal, um auf Drängen von Roebuck seine eigene Erfindung, deren Entwicklung eine gewisse Reife erreicht hatte, durch die Eintragung in das Register vor möglicher Nachahmung gesetzlich schützen zu lassen. Roebuck wußte aus eigener Erfahrung, daß eine Erfindung wirtschaftlich erst genutzt werden konnte, wenn man einen möglichst weitreichenden Patentschutz darauf hatte. Schließlich arbeiteten an der Weiterentwicklung der Maschine einige Arbeiter, die – mit dem Arbeitsprinzip wie mit der Bauweise vertraut – leicht die Erfindung hinaustragen, teuer verkaufen oder Watt als Erfinder durch Beantragung eines eigenen Patentes darauf zuvorkommen konnten. Dabei überfiel ihn, als man ihn in London einerseits durch allerlei Vorwände von seinem Vorhaben abzuhalten versuchte und andererseits zu recht unsicheren Zahlungen bewog, erneut eine gewisse Hoffnungslosigkeit. In schlaflosen Nächten wurde er nun wieder doppelt von Kopfschmerzen geplagt. Deshalb sah sich seine tapfere Frau Margaret, als er nach langem Warten schon unverrichteterdinge nach Hause fahren wollte, veranlaßt, an ihn die aufrüttelnden Worte zu richten:

Nur nicht den Mut verlieren; sollte es mit dieser Erfindung nichts werden, so wird es eben etwas anderes! [25]

Bei diesem Besuch in London bekam Watt deutlich zu spüren, daß die Kapitalisten, die gerade das feudale System der Privi-

legien und Monopole überwunden hatten, jeden, der ein Patent
beantragte, als „Usurpator eines Monopols" betrachteten, weil ein
solches Patent den Profit der anderen schmälerte, also dem „All-
gemeinwohl" der Bourgeoisie entgegenstand. Wenn er über „Zeit-
verlust durch bequemes Beamtentum" [16] klagte, traf das nur die
Form, in der sich dieses Streben, Erfinder ihres geistigen Eigentums zu berauben, u. a. äußerte.
Nach seiner Rückkehr von London hatte Watt neben seiner

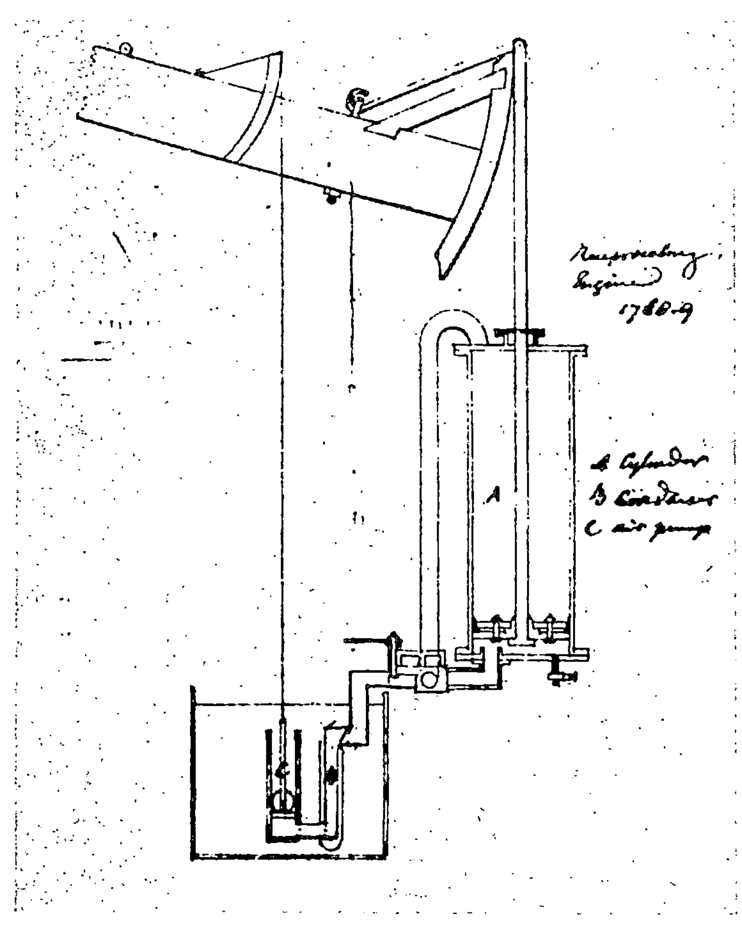

6 Zeichnung Watts für sein Dampfmaschinenpatent 1769

eigentlichen Brotarbeit innerhalb von vier Monaten eine als „Spezifikation" bezeichnete Patentbeschreibung für das Parlament zu
erarbeiten, wobei es – wie die Erfahrung lehrte – um die genaue
Abwägung jedes einzelnen Wortes ging, um jeden Anlaß zu einer
Anfechtung durch Dritte von vornherein auszuschließen. Dieser
Mühe unterzog sich der Erfinder, der dabei durch seine Freunde
Black und Small bestens beraten wurde, mit schottischer Vorsicht
und außerordentlicher Scharfsichtigkeit in der Weise, daß er in
diesem Schriftstück seinen erfinderischen Ideen lediglich eine allgemeine Fassung gab, anhand einer flüchtigen Skizze (Abb. 6) nur
auf das Wesentliche der Erfindung einging, jedoch vorsätzlich
keinerlei konstruktive Einzelheiten beifügte. In dieser Zeit teilte
Watt auch Small mit:

Ich will die Expansivkraft des Dampfes benutzen, um auf den Kolben zu
drücken, den jetzt der Druck der Luft hin- und hertreibt; ich will eine
Maschine bauen, die beides ausnutzt, den Kondensator und die Dampfkraft; dann werde ich nur den Dampf allein benötigen und ihn durch Ventile ins Freie entlassen, wenn er seinen Dienst getan hat. [16]

Am 5. Januar 1769, im gleichen Jahr, da auch Richard Arkwright
auf seine Garnspinnmaschine ein gewichtiges Privileg erhielt,
wurde nach Monaten zermürbenden Wartens und quälender Un-
gewißheit James Watt das später so berühmt gewordene Patent
Nr. 913 auf seine Dampfmaschine erteilt. Dieser „mächtige Schutz-
brief", hinter dem der Erfinder „die Macht und das Ansehen des
britischen Empire" [25] wußte, enthielt in vier Hauptansprüchen
die leitenden Grundgedanken, „die der Dampftechnik nunmehr
die entscheidenden ... Impulse" gaben sowie weitere Ansprüche
auf weniger bedeutsame Einzelheiten. Die entsprechende Urkunde,
eine der wichtigsten in der Geschichte der Technik, enthält auch
die außerordentlich weit gefaßte Beschreibung, die geradezu alle
Verwendungsarten zum Betrieb einer Dampfmaschine einschloß
und – da das Patent später bis zum Jahre 1800 verlängert wurde –
allerdings auch manche Entwicklung, so auch die der Hochdruckmaschine, völlig blockierte.
In dieser „Spezifikation" werden nach einer weitläufigen Präambel
folgende patentrechtliche Ansprüche gestellt:

Mein Verfahren der Verminderung des Verbrauches an Dampf und hierdurch
bedingt, des Brennstoffes in Feuermaschinen setzt sich aus folgenden Prinzipien zusammen:

Erstens, das Gefäß, in welchem die Kräfte des Dampfes zum Antrieb der Maschine Anwendung finden sollen, welches bei gewöhnlichen Feuermaschinen Dampfzylinder genannt wird und welches ich Dampfgefäß nenne, muß während der ganzen Zeit, wo die Maschine arbeitet, so heiß gehalten werden, als der Dampf bei seinem Eintritte ist, und zwar erstens dadurch, daß man das Gefäß mit einem Mantel aus Holz oder einem anderen die Wärme schlecht leitenden Material umgibt, daß man dasselbe zweitens mit Dampf oder anderweitigen erhitzten Körpern umgibt und daß man drittens darauf achtet, daß weder Wasser noch ein anderer Körper von niederigerer Wärme als Dampf in das Gefäß eintritt oder dasselbe berührt.
Zweitens muß der Dampf bei solchen Maschinen, welche ganz oder teilweise mit Kondensation arbeiten, in Gefäßen zur Kondensation gebracht werden, welche von den Dampfgefäßen oder -zylindern getrennt sind und nur von Zeit zu Zeit mit diesen in Verbindung stehen. Diese Gefäße nenne ich Kondensatoren, und es sollen dieselben, während die Maschinen arbeiten, durch Anwendung von Wasser oder anderer kalter Körper mindestens so kühl erhalten werden als die die Maschine umgebende Luft.
Drittens, sobald Luft oder andere durch die Kälte des Kondensators nicht kondensierte elastische Dämpfe den Gang der Maschine stören, so sind dieselben mittels Pumpen, welche durch die Maschine selbst betrieben werden, oder auf andere Weise aus den Dampfgefäßen oder Kondensatoren zu entfernen.
Viertens beabsichtige ich in vielen Fällen die Expansionskraft des Dampfes zum Antrieb der Kolben, oder was an deren Stelle angewendet wird, zu gebrauchen, in derselben Weise, wie der Druck der Atmosphäre jetzt bei gewöhnlichen Feuermaschinen benutzt wird. In Fällen, wo kaltes Wasser nicht in Fülle vorhanden ist, können die Maschinen durch diese Dampfkraft allein betrieben werden, indem man den Dampf, nachdem er seine Arbeit getan hat, in die freie Luft austreten läßt.
Fünftens, wo Bewegungen um eine Achse verlangt werden, stelle ich die Dampfgefäße in Form von hohlen Ringen oder kreisförmigen Kanälen her, mit besonderen Ein- und Auslässen für den Dampf, und montiere dieselben auf horizontalen Achsen wie die Räder der Wassermühle. In denselben ist eine Anzahl von Ventilen angebracht, welche einen Körper nur in einer Richtung durch den Kanal umzulaufen gestatten. In diesen Dampfgefäßen sind Gewichte angebracht, welche die Kanäle zum Teil ausfüllen und durch die noch anzugebenden Mittel in denselben bewegt werden. Wenn der Dampf in diese Maschine zwischen jene Gewichte und Ventile eingelassen wird, so drückt er gegen beide gleichmäßig, so zwar, daß er das Gewicht nach der einen Seite des Rades hebt und infolge der gegen die Ventile wirkenden Reaktion das Rad in Drehung versetzt, wobei die Ventile sich derjenigen Richtung öffnen, in welcher die Gewichte Druck empfangen, aber nicht in der entgegengesetzten. Währenddem, daß das Dampfgefäß sich dreht, wird es mit Dampf vom Kessel aus gespeist, und derjenige Dampf, welcher seine Arbeit geleistet hat, kann entweder durch Kondensation niedergeschlagen oder in die freie Luft entlassen werden.
Sechstens will ich in einigen Fällen einen gewissen Grad von Kälte anwenden, welcher den Dampf allerdings nicht in Wasser zu verwandeln,

58

wohl aber beträchtlich zu verdichten vermag, so daß die Maschinen abwechselnd mit Expansion und Kontraktion des Dampfes arbeiten.
Endlich wende ich zur dampf- und luftdichten Dichtung des Kolbens oder anderer Maschinenteile an Stelle von Wasser Öle, harzige Körper, Tierfett, Quecksilber und andere Metalle in flüssigem Zustande an.
Zur Bezeugung dessen habe ich am heutigen Tage, am fünfundzwanzigsten April im Jahre unseres Herrn Eintausendsiebenhundertundneunundsechzig, meinen Namenszug und mein Siegel hierunter gesetzt.

James Watt (L. S.) [34]

Da Watt mit diesem Patent auch Ansprüche stellt, die infolge der noch unbekannten wärmetheoretischen Grundlagen und weiterentwickelter praktischer Fertigkeiten erst zu einem wesentlich späteren Zeitpunkt verwirklicht werden konnten, handelt es sich hier zweifellos um ein Monopol, das in der Folgezeit die Anstrengungen anderer Erfinder vielfach hemmte.
Im September 1769 wurde, nachdem im vorhergehenden halben Jahr unter Watts Leitung in verstärktem Maße an einer „Wasserhaltungsmaschine mit Balancier" gearbeitet worden war, in Roebucks Kohlengrube in Kinneil der Probelauf vorbereitet. Äußerlich den Vorbildern der Zeit angepaßt, glich sie in ihrem Gesamtaufbau noch den bekannten atmosphärischen Maschinen. Nur der Kessel war seitlich aufgestellt worden, während außerhalb der Mauer, auf die sich der Balancier abstützte, Kondensator und Luftpumpe angeordnet waren. Der Zylinder selbst war mit einem Dampfmantel versehen, um ihn möglichst gleichmäßig heiß zu halten und damit die Kondensation in ihm weitgehend auszuschalten.
Von großen Hoffnungen ebenso getragen wie von Befürchtungen bedrückt, ging der Erfinder an den ersten Versuch. Da dieser durchaus befriedigend ausfiel, glaubte er voller Zuversicht bereits seinem Teilhaber berichten zu können:

Ein Erfolg ganz nach meinem Herzen. Ich wünsche aufrichtig, daß Sie sich über meinen Erfolg freuen, und ich hoffe, daß Sie dadurch für Ihre Aufwendungen entschädigt werden. [16]

Aber schon die nächste Zeit zeigte, daß Watt eine schöne Hoffnung vorschnell als Realität angesehen hatte. Er mußte zu seiner größten Enttäuschung die Feststellung machen, wie groß der „Abstand zwischen dem spielzeugartigen Modell und der großen Maschine" war, mit der er erstmals praktische Arbeit verrichten

59

wollte. Nicht nur, daß der Röhrenkondensator auf die Dauer
schlecht arbeitete und der Zylinder mangelhaft gegossen worden
war, auch die schadhafte Kolbenwandung, die man mit Kork,
Lappen und Papier abzudichten versuchte, war einer dauernden
Beanspruchung nicht gewachsen. Damit war scheinbar Erreichtes
in Frage gestellt, und Watts Bemühungen waren, obgleich er als
Mechaniker ebenso tüchtig mitgearbeitet hatte wie als Erfinder,
aufgrund dieser technologischen Unzulänglichkeiten zunächst gehemmt.

Dazu kam, daß Roebuck im Vertrauen auf sein bisheriges Glück
bereits vorher neue Gründungen gewagt, ausgedehnte Erzlager
gekauft und weitere Kohlengruben übernommen hatte, in denen
jetzt einbrechendes Wasser die Stollen überflutete und damit die
Arbeit zum Erliegen brachte. Deshalb war er, der fest damit gerechnet hatte, daß ihn Watts Maschine bald vor dem völligen
Ruin bewahren werde, gezwungen, für die weitere Arbeit an ihr
jene finanziellen Mittel einzusetzen, die seine anderen Unternehmungen einbrachten. Infolge dieser angespannten Finanzkraft
außerdem unsicher geworden, geriet Roebuck aufgrund neu getrof-
fener Fehlentscheidungen und Geldspekulationen bald in eine
recht mißliche Lage. Zwar war Watt, wie Roebuck glaubte, mit
seiner Maschine nicht mehr fern vom Ziel, aber er mußte auch
erkennen, daß ihre Entwicklung bis zum reibungslosen Lauf immer noch geraume Zeit und nicht wenig Geld kosten würde, und
Roebuck hatte beides nicht mehr. Der Mann, der den „Retter des
Bergbaues" – wie man Watt bereits voller Hoffnung vielerorts zu
bezeichnen pflegte – mit allen Mitteln gefördert hatte, war derart
in Zahlungsschwierigkeiten geraten, daß er nicht einmal mehr in
der Lage war, für die fälligen Patentkosten aufzukommen.

In dieser Situation wandte sich Watt, nachdem er sich nahezu
zwölf Jahre mit der Anwendung des Dampfes zur Arbeitsleistung
beschäftigt hatte, in tiefer Verzagtheit an Black:

Ich bin jetzt 35 Jahre alt und habe meiner Ansicht nach der Welt noch
nicht für 35 Pfennig genützt! [23]

Und der mit ihm befreundete Professor schoß ihm auch jetzt ohne
Zögern den erforderlichen Betrag zur Begleichung der Patentkosten vor.

In der Folgezeit erlebte Watt voller Erregung, wie Roebuck mit

60

seinen weitverzweigten Unternehmungen in immer tiefere Not geriet. Deshalb sah er sich völlig außerstande, ihn um neue Mittel für die unbedingt notwendig erachtete Anschaffung besserer Bearbeitungsmaschinen zu bitten, die für eine genauere Anfertigung der Einzelteile seiner Maschine unerläßlich waren. Und so blieb er, obwohl er in seiner freien Zeit langsam, mühselig und fast allein an seiner Erfindung weiterarbeitete, mit seinem Vorhaben zunächst auf der Strecke. Das bedrückte ihn um so mehr, als ihm zur gleichen Zeit Small mitteilte, daß vier oder fünf Kupferminen in Cornwall ihren Betrieb einstellen müßten, da sie nicht mehr in der Lage seien, die von den Newcomenschen Maschinen benötigten großen Mengen der täglich sich teurer stellenden Kohlen zu bezahlen, wie auch in Derbyshire einige Bergbaubetriebe ihre Gruben verlassen müßten, „wenn Sie ihnen nicht helfen" [8].
In diesen Tagen, da sich Watt geradezu unüberwindlichen Schwierigkeiten gegenüber sah, obzwar er bisher nicht nur alle seine Kräfte für die Maschine eingesetzt, sondern auch seine und seiner Familie Ansprüche an das Leben auf ein Mindestmaß eingeschränkt hatte, stellte er erschüttert fest:

Ich habe Weib und Kind; meine Haare beginnen zu ergrauen, und ich habe nichts getan, um für sie zu sorgen. [16]

Entschlossen, wenn auch schweren Herzens, setzte Watt nun außerhalb des Roebuckschen Betriebes im verstärkten Umfange seine Arbeit fort. Er entwarf unter anderem die Clydebrücke bei Hamilton, Pläne für Docks und Piers des Glasgower Hafens, eine neue Hafenanlage für Ayr sowie Kräne und Straßen. Vor allem aber war er gegen ganze 80 Pfund Sterling Gehalt – eine lächerlich niedrige Besoldung für die hochqualifizierte Tätigkeit – als leitender Ingenieur beim Bau des Clydekanals eingesetzt. Diese bestand in den Jahren 1770/72 vor allem darin, hundert bis hundertfünfzig Arbeiter anzuleiten. Dabei begann sich, obwohl oder gerade weil er bei dieser Arbeit im Freien oft Regen und Sturm ausgesetzt war, überraschenderweise seine Gesundheit zu festigen; die quälenden Kopfschmerzen ließen nach, der ganze Organismus erstarkte. Dafür trat jetzt eine typische Schwäche Watts in Erscheinung: Er, der hervorragende Eigenschaften dazu hatte, um den Gesetzen der Natur auf die Spur zu kommen, erwies sich als ein wenig geeigneter Administrator. Ihm mißfielen die damit ver-

bundene Einstellung und Entlohnung der Arbeiter, das Nach-
prüfen der ihm vorgelegten Rechnungen, das Feilschen mit betrü-
gerischen Lieferanten ebenso wie das dadurch nicht zu umgehende
öffentliche Auftreten. Er hätte sich am liebsten von der Außen-
welt abgeschlossen, um in aller Ruhe an einem Projekt arbeiten zu
können, und gestand aufgrund dieser ihn widerstrebenden Verpflichtungen in dieser Zeit Small unverhohlen:

Nichts ist meiner Natur mehr zuwider als der ganze schriftliche Verkehr mit
Leuten. Aber so geht es im Leben, genau das gehört nun zu meiner Tätigkeit. Ich lebe in fortwährender Furcht, ich könnte aus Mangel an Erfahrung
in Schwierigkeiten geraten, oder ich wäre nicht imstande, die Arbeiter genügend zu beaufsichtigen. [23]

Zwei Jahre später äußerte er sich aus seiner fast krankhaften Scheu
vor der Öffentlichkeit heraus dem gleichen Freund gegenüber:

Ich will mich lieber vor die Mündung einer geladenen Kanone stellen, als
Rechnungen aufstellen und Geschäfte machen. Kurz und gut, es kommt
mir immer vor, als wenn ich ganz aus mir heraus müßte, wenn ich irgend
etwas mit dem großen Publikum zu tun habe. [23]

Als kurz darauf eine Geschäftskrise ausbrach, stockten auch die
Kanalarbeiten. Watt wurde entlassen, allerdings schon nach einiger
Zeit wieder eingestellt. Nun veranlaßten eine geradezu erdrük-
kende Arbeitslast und zeitweilig unüberwindbar erscheinende technische Probleme den zwischen Selbstvertrauen und Verzweiflung
schwankenden Erfinder, der nicht geahnt hatte, welche Aufregungen, Entbehrungen und bittere Erfahrungen ihm seine Erfindung
bringen würde, seinen Freunden gegenüber zu schriftlichen Äuße-
rungen wie:

Ich verwünsche meine Erfindungen. [10]
Es gibt nichts Törichteres im Leben als das Erfinden. [23]

Als Watt mit dem Projekt des Caledonischen Kanals seine wichtigste Arbeit als Ingenieur leistete, konnte er endlich voller Genugtuung schreiben:

Jetzt bin ich imstande, alle meine Schulden zu bezahlen und noch etwas
übrig zu behalten, so daß mein Konto mit den Menschen glatt sein
wird. [16]

In dieser Zeit traf Watt die Nachricht, daß seine Frau Margaret
ernstlich erkrankt sei. Obzwar sich Watt sofort zu ihr auf den

Weg machte, kam er bereits zu spät. Er fand seine tapfere Gefährtin, die bei äußerster Aufopferungsfähigkeit in Zeiten der Not ohne Klagen treu zu ihm gehalten, durch ihr stets fröhliches Gemüt ihm die Sorgen verscheuchte und über manchen Mißerfolg hinweggeholfen hatte, nur noch tot vor. Dabei erlebte er die verzweifeltsten Stunden seines Lebens.

Auch mit John Roebuck ging es dem Ende zu, obzwar er alles, was er besaß, selbst das Vermögen seiner Frau und seiner Verwandten, herangezogen hatte, um sich über Wasser zu halten. Der Zusammenbruch war nicht mehr aufzuhalten. Als er Konkurs anmelden mußte, fühlte sich Watt nicht nur mitbetroffen, sondern auch mitschuldig, war doch sein Partner, der sogar seine Schulden beglichen hatte, jahrelang für die Entwicklung seiner Maschine und zu einem großen Teil für ihn und seine Familie aufgekommen, ohne daß an ihn hierfür auch nur ein Pfund zurückgeflossen wäre. Darüber in höchstem Maße betroffen, klagte der nicht wenig unter Erfolgszwang stehende Erfinder dem ihm inzwischen recht nahestehenden Small:

Wenn ich mein Mißgeschick allein zu tragen hätte, würde ich mir nichts daraus machen, dann würde ich mich vor einem Fehlschlag nicht so sehr fürchten; aber ich kann den Gedanken nicht ertragen, daß andere unter meinen Hirngebilden leiden sollen, und dann habe ich noch die unglückliche Veranlagung, alles schwarz zu sehen. [16]

Da Roebucks Rechte an der Erfindung zur Konkursmasse geschlagen wurden, lief Watt, der jetzt zwar keine Schulden mehr hatte, Gefahr, bald einem fremden Teilhaber verpflichtet zu sein, was ihn sehr beunruhigte. Ja, dieser drohende Wandel veranlaßte ihn schließlich, diesem Schritt zuvorzukommen, um nicht über Nacht irgendeinen Unbekannten neben sich zu haben, der an seinen vorübergehend eingestellten erfinderischen Bemühungen vielleicht gar nicht interessiert war. Jedenfalls durfte seine Erfindung trotz der eingetretenen Umstände nicht – wie das bei Papin und Polsunow geschehen war – verlorengehen. Schließlich brauchte die industrielle Revolution eine neue Antriebsmaschine, wie er sie erfunden hatte und für den praktischen Einsatz vervollkommnen wollte. Und diese Überzeugung hielt den sonst sensiblen Erfinder in dieser schwersten Periode seines wechselvollen Lebens aufrecht.

Teilhaberschaft mit Matthew Boulton

Angesichts des finanziellen Zusammenbruches von John Roebuck bezeugte James Watt selbst, daß er ohne ihn, dem er in Freundschaft verbunden war, unter seiner Last zusammengebrochen wäre, und gesteht einem seiner Freunde:

Mein Herz blutet für ihn, aber ich kann nichts für ihn tun! Ich habe lange bei ihm ausgehalten; die Pflicht für meine Familie zwingt mich, nach einem anderen Unternehmer mich umzusehen! [10]

Immerhin überließ Watt, als er seine Angelegenheiten ordnete, von seinem letzten Jahreseinkommen in Höhe von 200 Pfund Sterling die Hälfte seinem bisherigen Partner und konnte trotzdem Small mitteilen:

Ich kann mich zur Not erhalten und sogar noch eine Kleinigkeit zurücklegen für einen Besuch bei Ihnen. [16]

Dann wandte er sich – das erste Mal, daß er sich notgedrungen mit geschäftlichen Angelegenheiten größeren Umfangs befaßte – an Roebucks Geschäftsfreund, den nach steilem Aufstieg ebenso einflußreichen wie weitbekannten Großunternehmer und Ingenieur Matthew Boulton, der in seinen berühmten Eisen- und Metallwarenwerken in dem zur Fabrikstadt gewachsenen Soho bei Birmingham die für die damalige Zeit unerhört hohe Zahl von nahezu 800 Arbeitern beschäftigte.

Watt war dieses Unternehmen, das – nachdem aus Frankreich und Italien die tüchtigsten Kunsthandwerker gewonnen worden waren – kleine Metallarbeiten aus Silber, Kupfer, Messing und Eisen ausführte, keineswegs unbekannt. Es produzierte nicht nur billige Uhren, Schmuckketten, Schnallen und ebenso wunderbar gestaltetes wie kostbares Tafelgeschirr, sondern vervielfältigte auch Kunstwerke und wuchs dabei, während es laufend neue Zweigbetriebe hervorbrachte, immer weiter. Es hatte als eine Art Sehenswürdigkeit des Landes einen Ruf, der weit über Englands Grenzen hinausging. Schließlich besichtigten es nach Boultons eigenem Zeugnis neben „Lords und Ladies, Franzosen und Spaniern, Deutschen,

Russen und Norwegern" hervorragende Persönlichkeiten, wie die Kaiserin Katharina von Rußland, die hier hohem Adel, Diplomaten, Dichtern, Grubenbesitzern und Kaufherren begegnete [28].
Dieser auf seine Unternehmen ebenso stolze wie gastfreie Boulton hatte durch Roebuck und Small von Watts erfinderischen Bemühungen um eine neue Dampfmaschine Kenntnis erhalten und den Erfinder wissen lassen, daß er ihn gern einmal in Soho begrüßen würde. Deshalb hatte Watt, als er wegen seines Patentes in London vorgesprochen hatte, auf der Heimreise bereits in Soho die Fahrt unterbrochen, jedoch Boulton nicht im Werk angetroffen. Daher war er von dessen vertrautem und gelehrten Freund Small durch den Betrieb geführt worden, der über gute technische Ausrüstungen und in ihrem Fach erfahrene Mechaniker, Schmiede und Metallgießer verfügte.
Beim zweiten Besuch des berühmten Mittelpunktes der englischen Eisenindustrie war er dann von Boulton selbst empfangen worden, einem Unternehmer großen Stils, dem – obgleich ebenfalls nur Autodidakt – kein Plan zu kühn war und der den täglichen Kampf bei der Überwindung sich immer wieder ergebender Schwierigkeiten gerade zu gebrauchen schien. Roebucks finanzielles Fiasko begann sich damals bereits abzuzeichnen. Bei diesem Treffen hatte der praktisch denkende Boulton größtes Interesse an Watts Maschine bekundet und an dem besinnlich durch den Betrieb schreitenden Schotten Gefallen gefunden. Wie sehr er dessen Bestrebungen außerdem schätzte, war kurze Zeit danach zum Ausdruck gekommen, als Watts Jugendfreund Professor Robison die Sohoer Werke besuchte, die wie ein Magnet die ganze gelehrte Welt jener Zeit anzogen. Diesem gegenüber hatte sich Boulton dahingehend geäußert, daß er sich bereits im Februar 1764 Benjamin Franklin gegenüber mit dem „Problem des Dampfes" auseinandergesetzt habe und die von ihm angestellten Versuche, an Stelle der für den Antrieb seiner großen Anlagen genutzten zwei oberschlächtigen Wasserräder eine von ihm selbst verbesserte Newcomen-Maschine einzusetzen, nun aufgeben müsse. Das sei vor allem deswegen notwendig, da er sonst unweigerlich den Anregungen folge, die er aus der Unterredung mit Watt bekommen habe und somit diesem gegenüber sonst ein Unrecht begehen würde.
Watt wußte, daß Boulton mit seinem offenen Blick für neue Ideen die großen Möglichkeiten erkannt hatte, die bei dem vorhandenen

und ständig steigenden Bedarf an einer wirtschaftlich arbeitenden Antriebsmaschine bestanden. Deshalb hatte er, wie aus seinem Briefwechsel mit Small hervorgeht, in der Folgezeit den Vorschlag gemacht, Boulton möge neben Roebuck zu seinem Teilhaber werden und „an allen seinen Patenten seinen Anteil haben". Aber der kühl abwägende und umsichtig planende Geschäftsmann Boulton war nicht dazu bereit gewesen, mit dem in finanzielle Schwierigkeiten geratenen Roebuck eine Teilhaberschaft einzugehen. Dagegen hätte er sich unter der Bedingung, daß er allein über die Verwendung des Patentes verfügen könne, durchaus bereit erklärt, die Weiterentwicklung der Wattschen Erfindung mit allen Mitteln zu fördern. Hierzu hatte sich jedoch wiederum Roebuck, der immer noch hoffte, gerade durch den baldigen Erfolg mit dieser Erfindung vor seinem finanziellen Zusammenbruch gerettet zu werden, nicht verstehen können.

Nun, da Roebuck in Konkurs geraten war, schickte Watt an Matthew Boulton Zeichnungen der in Kinneil House stehenden Maschine. Außerdem übersandte er, da sich der große Unternehmer – wie er von Small wußte – auch mit dem Gedanken trug, auf dem Kanal, der an Birmingham vorbeiführte, Boote durch Dampfmaschinen antreiben zu lassen, Vorstellungen über ein Dampfschiff. Diese enthielten den Entwurf einer Schiffsschraube, wie sie später der Österreicher Joseph Ressel für den Schraubendampfer entwickelte. Gleichzeitig schlug Watt in dieser Zeit Boulton vor, einen Vertrag abzuschließen und in diesem Zusammenhang die Schuld seines Partners in Höhe von 1200 Pfund Sterling gegen die Einbringung seiner zur Konkursmasse geschlagenen Erfindung zu

7 Aus einem Schreiben Watts: Vorschlag des Schraubenpropellers für ein Dampfschiff und seine Unterschrift

streichen und dadurch deren weitere Vervollkommnung finanziell
zu sichern. Allerdings traf dieser Vorschlag in Soho gerade zu
einem Zeitpunkt ein, da Lord Clive in Ostindien in schweren
Kämpfen stand und aus Nordamerika schlechte Nachrichten über
Unruhen in den englischen Kolonien eintrafen. Der Handel stockte
dadurch. Deshalb war der sonst so wagemutige Boulton hinsichtlich neuer kostspieliger Unternehmungen vorsichtig geworden und
antwortete, daß er „weder sich noch anderen gern falsche Hoffnungen mache, aber als alter Eisenmann in der Scheidekunst erfahren" sei und Watts Maschine auf ihren „Goldgehalt" hin gern
prüfen wolle [28].
In der gleichen Zeit ließ Small den Erfinder, der sich zunächst damit trösten mußte, daß seine Erfindung wenigstens patentiert worden und damit vor Nachahmung gesichert war, voller Anteilnahme
wissen, daß er dennoch hoffe, „mit einem Feuerwagen Wattscher
Herkunft" noch fahren zu können [10].
Nach sorgfältiger Prüfung kam es zwischen Boulton und Watt doch
zu einer Einigung, zumal die Gläubiger Roebucks in ihrer Ver-
sammlung das zur Konkursmasse gehörende Wattsche Patent auf
die Dampfmaschine, für das, wie Watt schrieb, keiner von ihnen
„auch nur einen Pfennig zahlen wollte", als „totes Kapital von
zweifelhaftem Wert ansahen" [23]. Boulton strich aufgrund der von
ihm rasch erkannten Entwicklungsfähigkeit der Maschine die
Schuld Roebucks und übernahm dafür alle Rechte und Pflichten
aus dem Vertrag, obgleich sein Rechtsbeistand dieses Geschäft ein
„rein imaginäres" nannte und er selbst hinsichtlich des erreichten
Entwicklungsstandes der Maschine noch urteilen zu können
glaubte:

Sie ist jetzt noch ein Schatten, nur eine Idee; es wird Zeit und Geld kosten,
etwas daraus zu machen! [28]

Zweifellos eine bedrückende Wertung, die nach so vielen Jahren
ununterbrochener Versuche, Fehlschläge und Enttäuschungen getroffen wurde.
Boulton aber erkannte mit technischem und geschäftlichem Weit-
blick, daß vor allem mit der Erfindung des Kondensators, der als
„lang gesuchter und endlich gefundener Stein der Weisen" gepriesen
wurde, das tragfähige Fundament für die Weiterentwicklung der
Maschine gegeben war. Deshalb widmete er sich nun mit unver-

gleichlicher Tatkraft der Aufgabe, der Dampfmaschine von James Watt zur Produktionsreife zu verhelfen und sie in die Praxis einzuführen.

Watt, der vorher in geradezu verzweifelter Stimmung bereits mit dem Gedanken gespielt hatte, ein Buch über die bisherige Entwicklung seiner Maschine zu schreiben, um wenigstens auf diese Weise „die Ehre der Erfindung zu retten", begann von neuem zu hoffen. Das war auch insofern notwendig, als ihn in dieser Zeit in seiner schottischen Heimat so vieles an seine von ihm so vermißte Frau erinnerte, deren Tod ihn immer noch bedrückte. Da er überdies der notgedrungen durchgeführten Vermessungsarbeiten überdrüssig war, drängte es ihn, aus den beengenden und mit so vielen Mißerfolgen verbundenen Verhältnissen hinauszukommen [10].

Mit dem Übergang des Patentanteils von Roebuck an Boulton wurde die neue Gesellschaft „Boulton & Watt" gegründet. Ende des Jahres 1773 brachte man die Einzelteile der auch „Beelzebub" genannten Dampfmaschine von Kinneil nach Soho. Im Mai 1774 – fünf Jahre nach der ersten Begegnung zwischen Watt und Boulton – schloß der Erfinder seine mehr als sieben Jahre an verschiedenen Orten ausgeübte Tätigkeit als Zivilingenieur ab und kam – während die Familie einstweilen noch in Glasgow zurückblieb – ebenfalls in das Zentrum der englischen Eisen- und Metallindustrie, um im Dienst des großen Werkes seine ganze Kraft für die weitere Entwicklung seiner Maschine einsetzen zu können. Da sich bei dieser Arbeit Boulton als ein „Pionier der kapitalistischen Wirtschaft des 18. Jahrhunderts, der noch etwas vom aristokratischen Patriziertum an sich hatte" [44], mit allen Mitteln fördernd an seine Seite stellte, begann damit nicht nur ein neuer Abschnitt in James Watts Leben, sondern auch für die weitere Entwicklung der Dampfmaschine.

Begeistert von der Größe der Aufgabe, standen sich bei dieser sich außerordentlich fruchtbar entwickelnden Zusammenarbeit von vornherein zwei völlig gegensätzliche Naturen gegenüber, die sich jedoch, da Boulton gerade jene Eigenschaften besaß, die Watt fehlten, bei der täglichen Arbeit auf das glücklichste ergänzten. Deshalb war man seinerzeit mit Recht der Meinung, Watt hätte ganz Europa durchsuchen und doch keinen besseren Mann finden können als diesen, der so grundverschieden von ihm war [10]. In diesem Zusammenhang äußerte sich Watts englischer Biograph

Samuel Smiles über diese von der Zeit geprägte starke Unternehmerpersönlichkeit zu einem späteren Zeitpunkt:

Trotz dieser vielfältigen Anforderungen im Alltag war Boulton nicht nur Geschäftsmann. In seinem gastfreien Hause verkehrten Künstler, Schriftsteller und Gelehrte, denen er – nicht wenig bewundert – in Freundschaft verbunden war. Und dieser Mann hatte von allem Anfange an in Watt eine ungewöhnliche Erfinderpersönlichkeit erkannt.

Als unter dieser glücklichen Partnerschaft und unter den Händen der über reiche Produktionserfahrungen und -fertigkeiten verfügenden Arbeiter der Sohoer Werke die Teile der überführten Maschine nach entsprechender Nacharbeit montiert worden waren, arbeitete diese mit 60 Hüben in der Minute schon beim ersten Lauf wesentlich besser als jemals zuvor. Deshalb glaubte der hoffnungsvolle Erfinder, dessen fruchtbarste Schaffensperiode damit begann, schon im November des gleichen Jahres seinem Vater in schottischer Kürze und Bescheidenheit berichten zu können:

Allerdings waren von der vierzehnjährigen Schutzfrist des Patentes auf die Maschine inzwischen mehr als fünf Jahre verstrichen. Und noch immer konnte es einige Jahre dauern, in denen weitere, nicht unwesentliche finanzielle Mittel von Boulton gebraucht wurden, bevor mit deren allgemeiner Einführung in die Praxis zu rechnen war. Unter Umständen konnte die Schutzfrist des Patentes sogar ablaufen, bevor mit einem größeren geschäftlichen Erfolg gerechnet werden konnte. Deshalb machte Boulton seine Unterstützung von einer wesentlichen Verlängerung des Dampfmaschinenpatentes abhängig. Er drängte, um den weiteren Entwicklungsgang der Maschine wirtschaftlich gesichert zu sehen, bei James Watt nun darauf, baldmöglichst nach London zu reisen, um – ein damals ungewöhnliches Unterfangen, da die englische Patentgesetzgebung die Verlängerung eines Patentes eigentlich nicht zuließ – bei den „querköpfigen Parlamentsmitgliedern" eine Erweiterung der Geltungsdauer des Patentes sowie den Schutz auf gewisse weitere Verbesserungen zu erwirken. Diese Forderung glaubte Boulton schon im Hinblick auf das gewagte große Geschäftsrisiko stellen zu müssen, zumal die angestellten Versuche mit der Maschine nicht geheim geblieben waren. Da ein Arbeiter bereits der Maschine zugrundeliegende Zeichnungen von Watt gestohlen und verkauft hatte, mußte fest damit gerechnet werden, daß Fremde bald versuchen würden, das Arbeitsprinzip auszubeuten, ohne hierfür eine Entschädigung zu zahlen. Damit mußte um so mehr gerechnet werden, als die Nachfrage nach „Wasserpumpenmaschinen" für Gruben, in denen die Maschine von Newcomen längst nicht mehr den Forderungen gerecht werden konnte, immer stärker anwuchs [16].

So sah sich denn der stille Watt, so ungern er auch diesmal diesen Schritt unternahm, genötigt, nach London zu fahren, um auf der Grundlage von Berechnungen des wahrscheinlich noch erforderlichen Aufwandes an Geld, Zeit und Arbeit die Einleitung des Verfahrens zur Verlängerung seines Patentes zu erwirken. Hier erreichte ihn über Boulton die Nachricht vom Tode Smalls, die ihn überaus schwer traf.

Um die gleiche Zeit hatte Professor Robison, der bereits 1770 zum Direktor der russischen Nautischen Akademie in Kronstadt berufen worden war, bei der Kaiserin von Rußland für den Erfinder eine Professur mit einem Jahresgehalt von 1000 Pfund Sterling erwirkt. Obwohl Watt – zumal auch Frankreich entsprechende Verhandlungen anknüpfen wollte – damit in die Lage versetzt worden wäre, sich aller Verpflichtungen zu entledigen, lehnte er in der Hoffnung auf eine baldige Verlängerung der Geltungsdauer seines Patentes diese Verlockungen ab und verließ Boulton nicht [10]. Auch Boulton, der „mit breitem Rücken an der Wetterseite des Erfinders" stand und ihm abnahm, was diesem widerstrebte, war

trotz der nachteiligen Klausel des Patentgesetzes voller Zuversicht.
Deshalb plante er bereits damals die Errichtung eines neuen Werkes in Soho, in dem ausschließlich Dampfmaschinen gebaut werden
sollten. Das erschien ihm um so notwendiger, als bisher viele Einzelteile der Maschine nach Zeichnungen von Watt in den verschiedensten Fabriken hergestellt werden mußten, bevor man sie in
Soho montieren konnte.

Als im Frühjahr 1775 Watts Antrag auf Verlängerung des Patentes
im Parlament in London beraten wurde, trat eine Reihe von
Patentgegner auf den Plan: hellhörig gewordene Bergwerksbesitzer
und Minenpächter, die schon lange ungeduldig auf dessen Ablauf
gewartet hatten. Sie boten alles auf, um einen Parlamentsbeschluß
zugunsten von Watt und Boulton zu verhindern, zumal sie wußten,
daß eine Maschine, für die sich der große Unternehmer einsetzte,
wirklich etwas Besonderes darstellen mußte. Ein heftiger, mit
großem Lärm geführter Prozeß entbrannte, der teils in der Presse
seinen Niederschlag fand, teils in geheimen Zwiesprachen an einflußreichen Stellen geführt wurde [28]. Doch die Vernunft siegte
schließlich: Der Parlamentsausschuß genehmigte „in Anerkennung
und Würdigung der ungeheuren Bedeutung der Erfindungen Watts
für das gesamte industrielle Leben des Landes“ ausnahmsweise
die Verlängerung der Geltungsdauer des Patentes um 25 Jahre bis
zum Jahre 1800 und erweiterte dessen Gültigkeit sogar auf Schottland, das bisher davon ausgenommen war. Diese Entscheidung fiel
zu einem Zeitpunkt, da London gerade mehrere Maschinen für die
städtischen Wasserwerke erwerben wollte und der Bergwerksbezirk
Cornwall gleich nach einer ganzen Reihe von Maschinen dieser
Art verlangte. Vor allem aber dürfte dieser Erfolg im Parlament
darauf zurückzuführen sein, daß Watt und seine Freunde darauf
hinweisen konnten, daß für die Entwicklung einer solchen Erfindung nur dann das notwendige Geld zu bekommen sei, wenn auch
eine Aussicht auf wirtschaftlichen Erfolg gegeben war. Außerdem
erkannte man den großen Wert der Erfindung für die Allgemein-
heit, „die Beschaffung billiger mechanischer Kraft für die Industrie des Königreiches“, als volkswirtschaftlichen Faktor erster
Ordnung, für dessen Entwicklung und Einführung in die Praxis
eine derart lange Schutzfrist durchaus geboten erschien. Damit
war zur größten Befriedigung der beiden Vertragspartner der Weg
zur ungehinderten Weiterarbeit an der Maschine frei.

Bald darauf lernte der nun vierzigjährige Erfinder anläßlich eines
Besuches die Tochter eines Glasgower Färbers und Kaufmanns
kennen. Seine Werbung fand bei Anna MacGregor auch Gehör,
jedoch wollte der zukünftige Schwiegervater, bevor er seine Ein-
willigung zur Eheschließung gab, einen ausreichenden Blick in die
Vermögensverhältnisse und Zukunftsaussichten des Erfinders tun.
Dieser schottischen Vorsicht verdankt die Nachwelt ein für diesen
Zweck angefertigtes Schriftstück, in dem Matthew Boulton auf
Watts Ersuchen hin ausdrücklich darlegt, was zwischen ihnen nach
der Verlängerung des Patentes vereinbart worden war. Daraus ist
auch ersichtlich, wie die beiden Partner menschlich zueinander
standen. Unter anderem heißt es hier:

Es ist schwierig, den wirklichen Wert Ihrer Eigentumsrechte bei unserer
Teilhaberschaft festzusetzen. Jedenfalls will ich es als bestimmt bezeichnen
und ich kann wohl sagen, ich würde Ihnen gern zwei-, auch dreitausend
Pfund für die Übertragung Ihres Drittels an dem Patent geben. Es würde
mir aber leid tun, mit Ihnen einen für Sie so unvorteilhaften Handel abzuschließen, und ich würde jedes Geschäft bedauern, daß mich Ihrer
Freundschaft, Zuneigung und tatsächlichen Hilfe berauben würde. Ich hoffe,
daß wir in Liebe und Eintracht die 25 Jahre zusammen aushalten werden,
und das wird mir lieber sein, als wenn ich als alleiniger Inhaber so reich
wie Nabob werden könnte. [10]

Aus diesem interessanten Dokument, auf dessen wirtschaftlicher
Basis James Watt zum zweiten Male eine Ehe einging, geht auch
hervor, wie sehr der mit Energie und nüchternem Geschäftssinn
ausgestattete Boulton an den endgültigen Erfolg von Watts Erfindung glaubte. Deshalb ließ er nun auch das neue Werk in Soho
errichten, um in einer spezialisierten Fabrik die Produktion von
Dampfmaschinen möglichst bald in größerem Umfange aufnehmen und die große Erfindung geschäftlich ausbeuten zu können.
Dabei traten allerdings auch hier noch unerwartet große praktische
Schwierigkeiten auf. Der Betrieb verfügte wohl über gute Schlos-
ser und Dreher, jedoch kannte man noch immer keine richtigen
Maschinenbauer. Auch das Drehen von Hand war schwierig; andererseits benötigte man genau abgedrehte Kolbenstangen und
mußte jetzt mit der bisher unbekannten Stopfbüchse arbeiten.
Die größte Schwierigkeit bereitete jedoch nach wie vor die Herstellung eines dampfdichten Zylinders. Deshalb wandten sich die
beiden Partner jetzt an den Erbauer der ersten eisernen Kräne
und Konstrukteur großer Bohrmaschinen, den „berühmten Eisen-

hüttenmann Englands" John Wilkinson in Bersham mit der Bitte,
einen solchen zu gießen und auszubohren. Dieser war auch dazu
bereit, stellte jedoch die Bedingung, daß die „erste Maschine mit
Kondensator" für ihn gebaut werde. Diesem bekannten Eisen-
gießer Englands gelang es mit einem eigens hierfür entwickelten
Bohrwerk auch, den mit großer Behutsamkeit gegossenen Zylinder
von etwa 350 mm Innendurchmesser so genau auszubohren, daß
„die Abweichung an der schlimmsten Stelle nur die Dicke eines
abgenutzten Schillingstückes" betrug. Damit war die Hauptschwie-
rigkeit beseitigt und eine ausschlaggebende Verbesserung der Maschine erzielt.

Die Nachricht vom Stand der Entwicklung dieser Maschine verbreitete sich überaus rasch. Daraufhin trafen aus allen Gegenden
die Besitzer von Gruben, Eisenhütten- und Wasserwerken in Soho
ein, um sie zu besichtigen, und Boulton wurde nicht müde, Werk
und Maschine zu zeigen, in der Überzeugung, daß jeder, der von
dieser Leistung durch Augenschein Kenntnis nehme, eines Tages
auch deren Absatz fördern würde. Allerdings dachte er trotz viel-
seitigen Drängens zu diesem Zeitpunkt noch lange nicht daran,
die Maschine auszuliefern, bevor nicht die letzten auftretenden
Mängel beseitigt waren. Er wußte als alter Fachmann nur zu gut,
daß die ersten Fabrikate so gut wie nur irgendwie möglich aus-
fallen und arbeiten und dadurch zugleich die beste Reklame für
die Produktion der erbauten ersten Dampfmschinenfabrik der
Welt darstellen mußten.

Im August des Jahres 1776 übersiedelte auch Watts Familie nach
Birmingham, das – während er seine engen Beziehungen zu seiner Vaterstadt Greenock und der Universitätsstadt Glasgow weiter aufrecht hielt – für nahezu ein Vierteljahrhundert sein Wohn-
sitz werden sollte.

Obwohl Watt, da seine Erfindung immer noch nichts einbrachte,
als zwar unentbehrlicher Ingenieur zunächst lediglich nach den
damals üblichen Gehaltssätzen bezahlt wurde und somit nur dem
Namen nach Geschäftsteilhaber war, widmete er sich jetzt, da er
die Familie bei sich wußte, mit besonderem Eifer seiner Maschine.
Das war auch insofern notwendig, als die Qualifikation der Arbeitskräfte des neuen Werkes vielfach immer noch nicht ausreichte,
um der Produktion der neuen Maschine gerecht zu werden. Deshalb sah sich Watt, während er in dieser Zeit die hierzu benötigten

Pläne und Zeichnungen herstellte, immer wieder gezwungen, anleitend einzuspringen und die Herstellung der einzelnen Teile zu überwachen. Dadurch nicht wenig unter Zeitdruck stehend, stieß er seufzend aus:

Ich fürchte, man wird mich in Stücke zerreißen und jedem Stamme Israels ein Stück zuschicken. [16]

Auch Boultons Gedanken kreisten in dieser Zeit unablässig um die im Entstehen begriffene Dampfmaschine. Erregt teilte er Watt mit:

Ich konnte letzte Nacht nicht schlafen; mein ganzes Denken wurde eingenommen vom Dampf. [8]

Erst der Übergang zur weitgehenden Arbeitsteilung, bei der jedem Arbeiter ganz bestimmte Arbeitsverrichtungen zugewiesen wurden sowie die Anschaffung neuer Präzisionswerkzeuge brachten, als „dieses System richtig arbeitete", einen bestimmten Wandel.

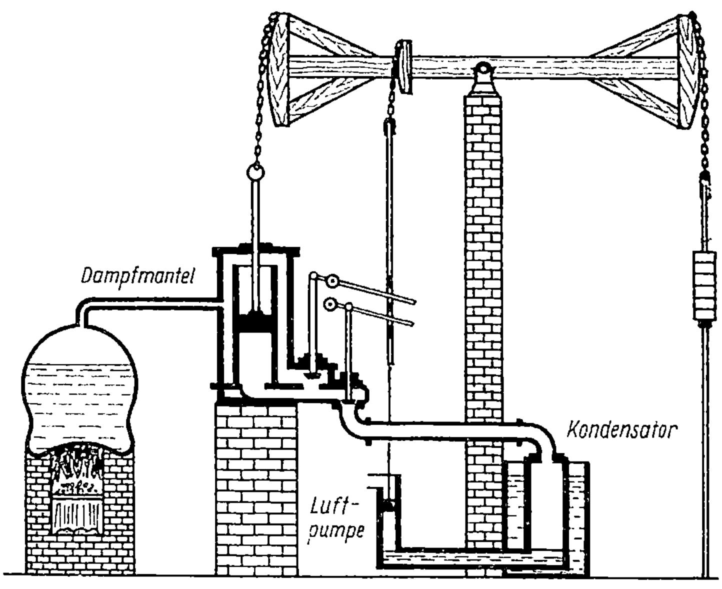

8 Schema der ersten von Watt auf Bestellung von John Wilkinson gebauten einfach wirkenden Dampfmaschine 1776 [34]

Wilkinson erhielt – wie vereinbart – ein volles Jahrzehnt nach der entscheidenden Erfindung Watts die erste auf Bestellung gebaute Dampfmaschine für den Antrieb eines Hochofengebläses, durch dessen Einsatz die Abmessungen der Hochöfen vergrößert, der Verhüttungsprozeß beschleunigt wurde und die Roheisenausbeute rasch anstieg. Bei dieser ersten Maschine strömte der Dampf mit einem Druck von etwa 1,4 at ($\approx$ 140 kPa) sowohl in den den Zylinder gegen äußere Abkühlung schützenden Dampfmantel als auch in den oberen Zylinderraum, der mit dem Kessel in Verbindung stand. Wurde anschließend das Dampfventil mittels des Steuerbaumes gehoben, trat der Dampf auch unter den Kolben, so daß unter- und oberhalb von ihm gleicher Druck herrschte und dieser nun aufgrund des Übergewichtes des Pumpengestänges hochgezogen wurde. Hatte er in diesem Leertakt seine obere Lage erreicht, stürzte – nachdem vorher das Dampfventil geöffnet worden war – der Dampf von der unteren Zylinderseite in den kalten Kondensator, worauf im unteren Teil des Zylinders ein Vakuum entstand und der Überdruck des Dampfes im oberen Teil des Zylinders den Kolben nach unten drückte, den mit dem Gebläse verbundenen Schwinghebel herunterzog und dabei Arbeit leistete.

Zwar verrichtete auf diese Weise der Dampf jetzt die Arbeit, jedoch – da Leertakt und Arbeitshub ständig wechselten – jeweils nur bei einer Kolbenbewegung. Auch der Dampfdruck dieser einfach wirkenden Niederdruck-Dampfmaschine war nicht wesentlich höher als der äußere Luftdruck. Dennoch konnte damit bewiesen werden, daß Watts „Feuermaschine" praktisch zu verwirklichen war und damit das ihm erteilte Patent zu Recht bestand.

Nun wurden, wie der Watt-Biograph Smiles aus sicherer Quelle zu berichten weiß, im gleichen Maße, wie sich der Ruf der neuen Maschine verbreitete, gegenüber Watt und Boulton Gehässigkeiten und boshafte Angriffe laut. Dazu kam, daß – womit man schon weit früher begonnen hatte – die mühsam qualifizierten Kräfte des Dampfmaschinenwerkes durch lockende Angebote dazu verleitet wurden, in fremden, Dienst zu treten. Selbst das Ausland hatte sich, da England seine technische Vormachtstellung durch Ausfuhrverbote der Maschine in rücksichtsloser Weise ausnutzte und durch hohe Strafen den Verrat des Produktionsgeheimnisses schützte, um Fachleute bemüht, die mit der Erfindung vertraut

waren. Während russische Agenten für ein Überwechseln von
Fachkräften jährlich nicht weniger als 1000 Pfund Sterling boten,
mühten sich französische „Akademisten" geraume Zeit darum,
einige Gehilfen Watts für Paris zu gewinnen.
Preußenkönig Friedrich II. hatte bereits 1770 Oberbergrat Waitz
von Eschen und Bergassessor Carl Friedrich Bückling verpflichtet,
durch Besichtigung der Maschine und Auskundschaften der Sohoer
Arbeiter im Dampfmaschinenwerk alles daran zu setzen, um Bau-
und Wirkungsweise der Wattschen „Wundermaschine" kennenzu-
lernen. Neun Jahre später erhielt Freiherr von Stein den Auftrag,
möglichst Pläne von der Maschine zu besorgen und einige tüchtige
Fachkräfte dieses Unternehmens mit nach Deutschland zu bringen.
Und weitere vier Jahre später trat, von Watt als geschätzter Techniker sehr entgegenkommend empfangen, der vertraute Berater
Friedrich II., Baron von Reden, der Begründer des oberschlesischen
Berg- und Hüttenwesens, mit der gleichen Absicht in den durch
freundschaftlichen Verkehr bekannten wissenschaftlichen Kreis in
Soho. Aufgrund dieser und anderer vielfältiger Versuche wurde
von seiten Englands gegen Spione dieser Art Haftbefehl erlassen,
dem sich mancher der ausländischen Abwerber nur durch die Flucht
entziehen konnte. Dennoch gelang es, wenn auch erst nach Gewinnung des Maschinenmeisters William Richards aus Cornwall, im
Jahre 1785 auf dem preußischen König-Friedrich-Schacht bei Hett-
stedt im Mansfeldischen die erste aus deutschen Werkstoffen gebaute einfach wirkende Niederdruck-Dampfmaschine Wattscher
Bauart als Pumpmaschine in Betrieb zu nehmen [15].
Als im Jahre 1776 die ersten „Pump- oder Wasserhaltungsmaschi-
nen" in England ausgeliefert wurden, verbrauchten diese gegenüber der alten Maschine von Newcomen nur den vierten Teil und
– gemessen an der von Smeaton verbesserten – nur noch die Hälfte
an Kohlen. Was Wunder, wenn man vor allem in dem im südwest-
lichen Teil Englands mit wachsenden Schwierigkeiten ringenden
Bergwerksbezirk Cornwall besonderes Interesse daran hatte, möglichst schnell in den Besitz solcher Maschinen zu gelangen. Dies
war um so verständlicher, als hier mancher Schacht, in dem teilweise noch oberschlächtige Wasserräder zum Antrieb der Pumpen
eingesetzt waren, bereits still gelegt werden mußte und die laufend steigenden Wassermassen nahe daran waren, die restlichen
zu überfluten und damit den Bergbau hier völlig zum Erliegen zu

76

bringen. Hier, wo Tausende von Familien eine schwere Zeit durchlebten, sahen die Grubenbesitzer und -pächter, den Verlust der angelegten Kapitalien täglich vor Augen, in Watts Dampfmaschine die einzige Rettung. Kein Wunder, wenn der Unternehmer Boulton an Watt, der sich in dieser Zeit gerade im Werk von John Wilkinson in Bersham aufhielt, drängend berichtete:

Das Geschäft kommt in Gang; bitte sagen Sie Wilkinson, daß er ein Dutzend Dampfzylinder von 12 bis 50 Zoll [≈ 300 bis 1260 mm] Bohrung für uns fertigstellt mit entsprechenden Kondensatoren ... Wir können dann innerhalb von drei Wochen eine Maschine fertig haben.

Allerdings war in jener Zeit, da gerade Adam Smiths Werk „Natur und Ursachen des Volkswohlstands" erschien und auf dem Boden des wirtschaftlichen Liberalismus sich in England ein stark am Profit orientiertes Unternehmertum herausbildete, kaum ein Arbeiter des Sohoer Dampfmaschinenwerkes in der Lage, die neue relativ komplizierte Antriebsmaschine am Bestimmungsort zu montieren, in Gang zu setzen und den besonderen Ansprüchen der einzelnen Betriebe anzupassen [39]. Deshalb mußte Watt, zumal selbst eingeführte Maschinen infolge wenig geschulten Bedienungspersonals zuweilen aus den unterschiedlichsten Gründen ausfielen, in diesen aufregenden Jahren mit kurzen Unterbrechungen in das unruhig gärende Bergwerksgebiet Cornwall eilen, um als praktisch arbeitender Ingenieur in den bedrohten Kupfererzgruben oft umfangreiche und wichtige Arbeiten auszuführen.
Unter diesen Umständen begrüßten es die beiden Teilhaber, daß im Jahre 1779, von Watts und Boultons Ruf angezogen, der mit 23 Jahren schon als tüchtiger Mühlenbauer bekannte William Murdock – ebenfalls ein Schotte – zu ihnen stieß, um an Stelle von Watt dann jahrzehntelang im Cornwaller Gebiet von Grube zu Grube zu ziehen. Er besaß wie kein zweiter die Fähigkeiten, die „Pumpmaschinen" aufzustellen, in Gang zu setzen, Maschinendefekte und anfallende Betriebsstörungen – auch unüberwindlich scheinende – an Ort und Stelle zu beseitigen, und verstand es auch, die notwendigen Maschinisten und Kesselwärter heranzubilden. Dabei sah sich der von Natur aus stille, in sich gekehrte, jedoch „herkulisch gebaute Mann", der mit den Menschen umzugehen verstand, bei seinen Auseinandersetzungen mitunter sogar veranlaßt, für die Ehre des von ihm hoch geschätzten Erfinders

selbst seine ungewöhnlichen Körperkräfte einzusetzen. Während
er sich im Laufe der Zeit vom einfachen Arbeiter zum leitenden
Ingenieur emporarbeitete, widmete sich dieser neben Watt und
Boulton überaus verdienstvolle Mann, der später noch eine gewisse Berühmtheit erlangen sollte, ganz der Einführung der neuen
Antriebsmaschine seines Freundes Watt, so außerordentlich bescheiden sein Einkommen in Soho auch war. Murdock blieb in dem
Betrieb, obgleich ihm während seines Außendienstes von mancher
Fabrik für die ständige Überwachung der dort aufgestellten Wattschen Dampfmaschinen glänzende Angebote gemacht wurden und
er selbst manche eigene Erfindung mit sich herumtrug. So führte
er 1792 als erster in Soho die Gasbeleuchtung ein. 1784 entwickelte
er in Cornwall eine Reihe von Dampfwagenmodellen, darunter
ein dreirädriges Fahrzeug, mit dem er zum Ärger der Passanten
sogar aufsehenerregende Fahrversuche auf der Straße unternahm,
eine Betätigung, gegen die sich Watt allerdings wandte, weil er
hierbei nicht nur einen Eingriff in seine Patente befürchtete, sondern vor allem aus Furcht vor der Zersplitterung der Kräfte Mur-
docks nicht wollte, daß dieser auf diese Weise „von den dringen-
den Aufgaben des Tages abgezogen wurde" [10].
Für Boulton und Watt war diese Zeit insofern recht aufregend, als
sich sowohl die eigenwilligen Cornwaller Bergwerksbesitzer und
-pächter als auch deren rauhe Bergleute außerordentlich ungebär-
dig zeigten, wenn während des Abbaues der bisher benutzten Maschinen von Newcomen und der Aufstellung der Wattschen Maschinen mehr Feierschichten eingelegt werden mußten als ursprünglich angenommen oder sich die neue Maschine, mit der sie eine
völlige Wandlung über sich kommen sahen, während des Laufes
einmal widerspenstig zeigte.
Und noch schroffer begegnete man den beiden, wenn diese die
Betreiber ihrer Maschinen zur Einhaltung der eingegangenen Zah-
lungsverpflichtungen anhielten. Dabei hatten Boulton und Watt
nicht etwa hohe Verkaufspreise für ihre Maschine gefordert, zumal es damals viele Praktiker gab, die behaupteten, daß man die
„recht verzwickte Maschine" wohl in der rauhen Praxis nie be-
triebsfähig werde halten können. Sie hatten sich vielmehr lediglich
ausbedungen, daß die Mieter der neuen Maschine nach einer entsprechenden Probezeit nur ein Drittel der gegenüber den New-
comen-Maschinen erzielten Kohlenersparnis in jährlichen Raten

bis zum Ablauf des Patentes im Jahre 1800 an das Sohoer Dampfmaschinenwerk zu entrichten hatten. Auf diese großzügige Vergünstigung waren die Grubenbesitzer und -pächter auch zunächst gern eingegangen, da ihnen trotz dieser Abgaben ein Gewinn von zwei Dritteln der ersparten Kohlenkosten sicher war. Allerdings änderte sich ihre Haltung bald. Obwohl Watt, um den Umfang des Einsatzes der Maschine ermitteln zu können, in diesem Zusammenhang an ihrem Schwinghebel einen Hubzähler angebracht hatte, glaubte bald dieser, bald jener Betreiber der Maschine hin-

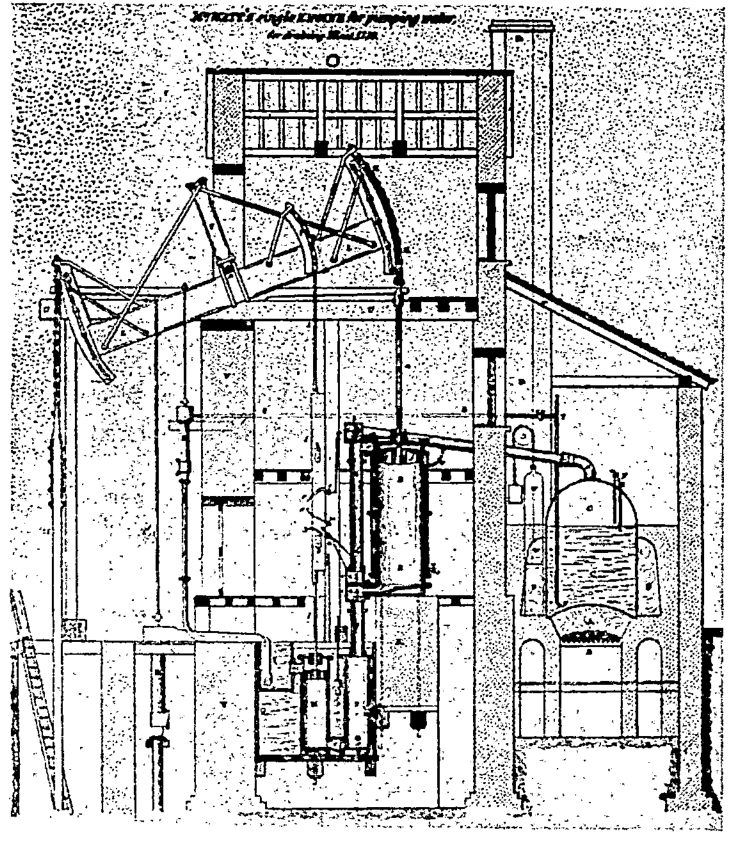

9 Watts einfach wirkende Dampfmaschine Ende der siebziger/Anfang der achtziger Jahre

sichtlich der mit dessen Hilfe errechneten Menge an ersparter Kohle benachteiligt zu werden. Deshalb kam es zu einer Zeit, da man bereits vierzig Meter und tiefer die Stollen zu entwässern vermochte, zu mancher heftigen Auseinandersetzung, die Watt bei seiner hochgradigen Sensibilität immer sehr empörte und seelisch belastete.

Ja, selbst als mit der weiteren Vervollkommnung der Maschine die Brennstoffeinsparung gegenüber der alten Feuermaschine von Newcomen noch weiter stieg und die Maschine von Watt zu einer gewohnten und unentbehrlichen Einrichtung wurde, durch die viele Betriebe in die Lage versetzt worden waren, auf bereits aufgelassenen Gruben wieder und in anderen unvergleichlich mehr zu fördern als früher und neue Kohlen- und Erzlager zu erschließen, fingen die Bergwerksbesitzer und Pächter der neuen Maschine – wie auf eine Verabredung hin – über „Verschuldung, hohe Abgaben, Steuern, Löhne und schlechte Zeiten" zu klagen an und schimpften auf das Sohoer Monopol. Dabei betrug – um nur ein Beispiel zu nennen – die jährlich erzielte Brennstoffersparnis eines einzigen Kohlenbergwerkes in Chacewater, wo 3 Wattsche Maschinen in Betrieb waren, nicht weniger als 25 000 Pfund, von denen nur ein Drittel an Soho abzuführen war, ein beredtes Zeugnis dafür, wie überlegen diese Maschine gegenüber der von Newcomen war.

Andererseits verlangte das stetig sich ausweitende und verzweigte Geschäft Boultons mehr Kapital, zumal die Produktionskosten der Maschine immer noch recht hoch waren. Über solche zusätzliche Mittel verfügte der vorher so wohlhabende Boulton aber nicht mehr, nachdem er für die Entwicklung der Dampfmaschine neben dem, was seine Metallwarenfabrik eintrug, mutig sein ganzes Vermögen und das der Familie investiert hatte und die Gelder für die vermieteten Dampfmaschinen nur „tropfenweise" zurückflossen. Deshalb wollte er, da er an manchem Sonnabend nicht wußte, womit er seine Arbeiter entlohnen sollte, ein Darlehen aufnehmen. Davon riet jedoch der zaghafte Erfinder, der gleich den schottischen Bauern eine starke Abneigung gegen Schulden hatte, mit der gleichzeitig erhobenen Forderung ab, „erst einmal bei den Grubenherren für alte Leistungen Barzahlungen durchzusetzen". Infolge der eingetretenen Situation seelisch überaus bedrückt, ließ er in seiner Erregung Boulton wissen:

Ihr müßt mich entschuldigen, wenn ich Euch versichere, daß ich keinen
Stift ansetzen werde, um die notwendigen Zeichnungen für neue Entwürfe
zu machen, ohne daß Ihr das erreicht habt. So werden wir wenigstens genug bekommen, um uns vor dem Schuldgefängnis zu bewahren, vor dem
ich in ständiger Furcht lebe. [28]

Außerdem schlug Watt seinem Partner vor, den tüchtigen John
Wilkinson als neuen Teilhaber zu gewinnen, der nach wie vor alle
Zylinder für ihre Dampfmaschine herstellte. Darüber hinaus sollte
man auf Vorschlag Watts alle irgendwie vermeidbaren technischen
Ausgabenposten streichen. Schließlich verpflichtete er sich selbst,
obwohl sein persönlicher Aufwand damals in der Woche ohnehin
nur zwei Pfund betragen haben soll, zu weiteren finanziellen Einschränkungen [16].
Erst als Boulton daraufhin den Kampf gegen die Grubenbesitzer –
teilweise auch vor Gericht – aufnahm, begannen die Säumigen
regelmäßig zu zahlen. Obzwar die eingehenden Gelder zur Bestrei-
tung seiner Ausgaben immer noch nicht ausreichten, bekannte sich
der unbezwingbare Unternehmer, der als Mann von größter Hart-
näckigkeit auf der Durchführung des einmal gefaßten Unternehmens beharrte, zu dem unverrückbaren Ziel:

Die Firma Boulton und Watt wird diese Maschine einführen, und wenn
tausend Teufel dem entgegenständen. [28]

Dann begab er sich trotz Watts Bedenken auf Reisen, um neue
Mittel ausfindig zu machen und auf diese Weise die aufgetretenen
finanziellen Schwierigkeiten zu beseitigen. Dabei bewährte sich
seine hervorragende geschäftliche Begabung in besonderem Maße.
Von einem unerschütterlichen Glauben an den Durchbruch der
neuen Maschine getragen, wuchs sein Mut und seine Entschlossen-
heit mit den sich auftürmenden Schwierigkeiten. Obzwar aufgrund
der schweren Krise, in der sich England zu dieser Zeit befand,
von Bankiers kaum noch Kredite zu erlangen waren, gelang es ihm
schließlich nach vielen Anstrengungen, auf das Patent der Maschine als Pfand ein Darlehen von 14 000 und eine jährliche Zah-
lung von 7000 Pfund Sterling zu erhalten.
Diese Neuverschuldung, mit der Boultons persönlicher Kredit
allerdings restlos erschöpft war, bedrückte Watt außerordentlich,
zumal er glaubte, sein Teilhaber sei gegenüber der damit herauf-
beschworenen Gefahr blind. Doch Boulton sah weiter als alle. Er
wußte als Geschäftsmann, daß er bei dem erreichten Entwick-

lungsstand der Maschine, auf die alle Welt wartete, dieses Risiko eingehen mußte, um mit ihr endlich den Durchbruch zu erzielen. Unabhängig davon plädierte Watt, der sich im geheimen den Vorwurf machte, durch die entstandene bedeutende Schuldenlast auch den zweiten seiner Partnerfreunde der Industrie, die ihm ihr Vertrauen entgegengebracht hatten, an den Rand des Abgrunds gebracht zu haben, nun auf eine Veränderung der Zahlungsbedingungen beim Ankauf der Maschine, die sich als allzu großzügig erwiesen hatten. Deshalb drängte er Boulton:

Wir wollen annehmbare Bedingungen stellen, aber sie müssen eine bare Vorauszahlung enthalten, damit wir wenigstens etwas Geld in die Hand bekommen, um uns über Wasser zu halten. [16]

Diese Veränderung erwies sich in der Folgezeit als durchaus richtig. So konnte nach einer ganzen Reihe von Jahren, in denen der von standhaftem Optimismus erfüllte Boulton mehr als 40 000 Pfund Sterling, eine für die damalige Zeit geradezu ungeheure Summe, in die Wattsche Maschine gesteckt hatte, die drohende Gefahr gebannt werden. Das Dampfmaschinenwerk in Soho konnte weiter ausgebaut und seine Leistungsfähigkeit wesentlich erhöht werden. Außerdem erfuhren die Arbeitsmethoden eine entsprechende Verbesserung. Es ging aufwärts.

Die Entwicklung der doppelt wirkenden, für die maschinelle Großproduktion universell einsetzbaren Dampfmaschine mit rotierender Bewegung

Obwohl James Watt mit seiner einfach wirkenden Dampfmaschine für eine Reihe von Jahren den Typus einer Antriebsmaschine festgelegt hatte, die vor allem zur Wasserhaltung in den Bergwerken und als Gebläsemaschine in den Hüttenwerken eingesetzt werden konnte, war diese noch keineswegs in der Lage gewesen, das unbeholfene Wasserrad zu verdrängen, das die in den Fabrikbetrieben benötigte Drehbewegung hervorbrachte. Andererseits stellte das Wasserrad eine recht unzuverlässige Energiequelle dar, da sein Leistungsvermögen von der wechselnden Wasserführung der Flüsse und Bäche oft stark beeinträchtigt wurde, wenn es bei langer Dürre und strengem Frost nicht sogar zum Stillstand verurteilt war. Mit seiner Leistung kam es kaum über 6 PS ($\approx$ 4,5 kW) hinaus. Auch die seit langem angewandte und an das Vorhandene anknüpfende Zwischenlösung, mittels der alten Feuermaschine mit Hubbewegung einfach dem Wasserrad das erforderliche Betriebswasser zur Erzeugung der benötigten rotierenden Bewegung zuzuführen, konnte auf die Dauer nicht befriedigen. Da man dadurch auch an Fluß- und Bachläufe gebunden war, hatte Denis Papin bereits 1690 geraten, mit Hilfe von gezahnten Kolbenstangen und Zahnrädern die eine Bewegung in die andere umzuwandeln [8].
Deshalb war es kein Wunder, wenn nun viele Gewerbe- und Industriebetriebe, vor allem aber die Textilindustrie, die sich als fortschrittlichster Zweig der englischen Industrie schon mehr als ein Jahrzehnt in ihrer Entwicklung gehemmt sah, nach einer neuen, ständig einsatzbereiten Antriebsmaschine Ausschau hielten, die eine kontinuierliche rotierende Bewegung hervorbrachte. Dabei ging es um die richtige Ausnutzung der Spinnmaschinen von Hargreaves, insbesondere aber der von Arkwright. Aber auch die Besitzer von Mühlen, Walzwerken und größeren Werkstätten benötigten zum Antrieb ihrer Arbeitsmaschinen eine vom zeitlich wechselnden Wasserantrieb unabhängige Antriebsmaschine, die –

wie das bereits in den Gruben und Hütten der Fall war – das
ganze Jahr über gleichmäßig zu arbeiten vermochte.

Der vielstimmige Ruf nach einer derartigen universell einsetzbaren Dampfmaschine erreichte in dieser Zeit auch Matthew Boulton, der daraufhin Ende 1779/Anfang 1780 Watt zu drängen begann, diesen Gedanken möglichst bald aufzugreifen. Doch der
Erfinder, der sich zunächst mit der Vervollkommnung seiner Hubmaschine beschäftigen wollte, zeigte sich wenig geneigt, dieses
Projekt aufzugreifen, zumal dieses – wie er sich äußerte – schwie-
riger in der Konstruktion und Ausführung sein würde, weshalb
es möglicherweise erst in Jahrzehnten zu lösen war und zwangsläufig neue Sorgen brachte.

„Ich sehe, daß jede Maschine mit rotierender Bewegung doppelt
soviel Arbeit als die Pumpmaschine und im allgemeinen nur halb
soviel Geld einbringt!", wandte er sich mit einer gewissen Scheu
vor den zu erwartenden Schwierigkeiten an seinen Freund und
riet diesem, „alle neuen Aufgaben jungen Menschen zu überlassen,
die weder Geld noch Namen zu verlieren haben" [23].

Doch der weitschauende Unternehmer Boulton gab sich damit
nicht zufrieden. Er hatte längst erkannt, daß die bisher produzierte
Hubmaschine nur in geringerem Umfange genutzt werden konnte
und mit ihr, da der Markt für Pump- und Gebläsemaschinen bald
gesättigt sein würde, somit nur ein begrenztes Geschäft zu machen
war. Dagegen mußten sich für eine Maschine mit Drehbewegung,
die das ganze Manufakturwesen revolutionieren würde, geradezu
unabsehbar große Einsatzmöglichkeiten ergeben.

Damit setzte der zweite Teil des Erfindungswerkes von James
Watt ein, die Entwicklung der Hub- zur allgemeinen „Industrie"-
Maschine. Die Lösung dieser dringendsten Aufgabe für die Ent-
faltung der kapitalistischen Fabrikindustrie konnte, wie dem Erfinder klar wurde, der schweren Herzens bald Boultons Drängen
nachgab, auf zwei sehr stark voneinander abweichenden Wegen
erreicht werden. Entweder entwickelte man eine völlig neue Energiequelle, bei der durch die unmittelbare Wirkung des Dampfes
auf einen rotierenden Läufer sogleich die gewünschte Drehbewegung erzeugt wurde oder man versuchte, die hin- und hergehende
Bewegung der vorhandenen Hubmaschine durch Zwischenschaltung neuer Elemente in eine drehende zu verwandeln.

Obwohl der erste Weg, die Entwicklung einer Dampfturbine, der

technisch weitaus natürlichere gewesen wäre, konnte er, wie Watt
mit Scharfblick erkannte, infolge der noch mangelhaften wärmetheoretischen Erkenntnisse und der unzureichenden Möglichkeiten
für deren technische Verwirklichung nicht beschritten werden. Somit gewann in dieser Zeit lediglich der zweite Weg praktische Bedeutung: Das Auf und Ab der Kolbenstange der entwickelten
Hubmaschine mußte in eine rotierende Bewegung umgewandelt
werden.

Allerdings hatten zu diesem Zeitpunkt noch wenige eine genaue
Vorstellung darüber, auf welche Weise dies erreicht werden
konnte. Selbst ein so erfahrener Ingenieur wie John Smeaton, dem
Watt nachrühmte, daß „seine Lehren und Beispiele sie alle zu Ingenieuren gemacht" hätten, hielt aus einer unklaren Vorstellung
heraus noch im Jahre 1781 eine Lösung in dieser Richtung für
praktisch unausführbar. Er glaubte in einem Gutachten über den
besten Antrieb von Mahlmühlen erklären zu können, daß eine
Dampfmaschine niemals das meist für den Rotationsantrieb angewandte Wasserrad ersetzen könne, wobei es völlig gleichgültig
wäre, ob man sie zwecks Erzeugung einer Drehbewegung mit einer
Kurbel, durch deren Anwendung sehr viel Arbeit verloren gehe,
oder einem anderen mechanischen Element versehen würde [10].

Watt, der schon im Jahre 1771 ausgesprochen hatte, daß die Kurbel, wie sie bei jedem Tretrad verwendet wurde, das beste und
billigste Mittel zur Herstellung einer Drehbewegung darstelle,
hatte bereits 1779 am Modell einer zweizylindrigen Maschine mit
Hilfe einer Kurbel und Schubstange versucht, die auf- und ab-
gehende Bewegung des Schwinghebels in eine rotierende umzusetzen. Aber diese Verbindung war insofern nicht leicht zu schaffen,
als die einfach wirkende Dampfmaschine mit ihrem ständigen
Wechsel von Leerlauf und Arbeitshub ausgesprochen stoßweise
arbeitete. Obzwar diese Anordnung durchaus entwicklungsfähig
war, hatte Watt damals nicht daran gedacht, sie patentieren zu
lassen, zumal die Kurbel seit dem Mittelalter bekannt war und er
deshalb ihre diesbezügliche Anwendung nicht als patentfähig an-
sah. Deshalb äußerte er sich später einmal scherzend:

Der wirkliche Erfinder der Kurbel-Drehbewegung war der Mann – leider
wurde er nicht göttlich gesprochen! – , der zuerst die gewöhnliche Fuß-
drehbank erfunden hat. Sie auf die Dampfmaschine anzuwenden, war soviel,
als ein Brotmesser zum Käseschneiden zu benutzen. [8]

Die nun neu aufgenommenen Versuche Watts mit der Kurbel wurden, nachdem 1779 ein Birminghamer Maschinenwärter bewiesen hatte, daß die unmittelbar mit einem Kurbelantrieb versehene „Feuermaschine" sogar besser arbeitete als vorher, von Fremden, die im Sohoer Dampfmaschinenwerk immer Neues auszuspionieren versuchten, ausgekundschaftet. Ein Jahr später – im Jahre 1780 – beantragte ein Außenseiter, der ebenfalls in Birmingham ansässige Knopfmacher James Pickard, der sich an dem Umbau einer Newcomen-Maschine auf rotierende Bewegung beteiligte, nachdem er über den Erfinder Washborough von Watts Vorhaben erfahren hatte, den Patentschutz auf die Anwendung der Kurbel bei Dampfmaschinen als Element der Überleitung der hin- und hergehenden in eine Drehbewegung [10]. Da diesem Antrag unverständlicherweise vom Patentamt stattgegeben wurde, geriet Watt, der inzwischen schärfer als jeder andere erkannt hatte, daß bei der Dampfmaschine mit dem Übergang von der Hin- und Herbewegung der Hubmaschine zur rotierenden Bewegung der „Universal"-Maschine „ein völliger Umsturz im Reiche der Arbeit" bevorstand, in eine unerwartet schwierige Lage. Dennoch ging er mit unbeirrbarer Zähigkeit den gesteckten Weg bis zum Ende [12].

Von der Nutzung des ursprünglichen Gedankens von Watt durch das Patent Pickards ausgeschlossen, sah man sich in Soho nun allerdings vor die Wahl gestellt, entweder für jede der hier gebauten Dampfmaschinen mit Kurbelbewegung an den Patentinhaber eine entsprechende Nutzungsgebühr zu entrichten oder völlig neue, wesentliche Elemente zur Erzeugung der angestrebten Drehbewegung zu entwickeln. Da die eingeleiteten Lizenzverhandlungen mit Pickard resultatlos verliefen, sah man sich schließlich genötigt, den zweiten Weg zu gehen.

Bereits im Juni 1781 konnte der auf Geschäftsreisen befindliche Boulton an den Erfinder schreiben:

Die Leute in London, Manchester und Birmingham sind verrückt auf die Dampfmaschine... Ich möchte Sie nicht drängen, aber ich finde..., wir sollten uns entschließen, gewisse Methoden, die Bewegung der Feuermaschine in rotierende Bewegung umzusetzen, patentieren zu lassen. [44]

Schon im Frühherbst des gleichen Jahres wurden, zumal Späher bemüht waren, auch diese Entwicklungen auszukundschaften, von

Watt bei gleichzeitiger Umgehung des Kurbeltriebes nicht weniger
als fünf verschiedene Lösungen für diese Aufgabe angemeldet:

Gewisse neue Methoden, um aus der hin- und hergehenden Bewegung der
Dampf- oder Feuermaschinen eine um eine Achse kreisende Bewegung zu
erzeugen, durch welche Spinn- und andere Maschinen angetrieben werden
können.

Für diese konstruktiven Lösungen, die durch geniale Einfachheit
gekennzeichnet waren und Watts grundsätzliche Auffassung be-
stätigen, es sei schon viel erreicht, wenn man wisse, was man ent-
behren kann, erhielt er unter dem 25. Oktober 1781 das Patent
Nr. 1306. Von diesen Vorrichtungen fand vor allem das teilweise
auf William Murdock zurückgehende Sonnen- oder Planetenradgetriebe praktische Verwendung. Diese Lösung, ein Rädermecha-
nismus, war zwar komplizierter als der Kurbeltrieb, aber Watt
kehrte das entscheidende Moment hervor als er voller Freude
schrieb:

Nun vermag die Maschine in unseren Fabriken, Mühlen und anderen Betrieben die Wasser-, Wind- und Pferdekraft zu ersetzen; jetzt braucht die
Fabrik nicht mehr zur Kraft zu gehen, sondern diese geht überall dahin,
wo es dem Unternehmer am zweckmäßigsten ist. [16]

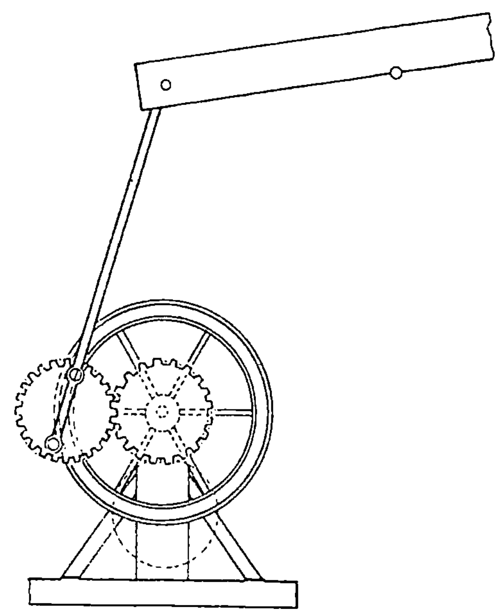

10 Sonnen- oder
Planetenradgetriebe

Allerdings trat bei dieser Bewegungsumwandlung, sobald die Achsen der beiden Zahnräder übereinanderstanden, ein „toter Punkt" auf. Als Watt daraufhin ein Schwungrad auf der Welle befestigte, konnte mit Hilfe der in ihm während der Rotation aufgespeicherten Energie die Totpunktlage besser überwunden und damit die periodischen Schwankungen vermindert, jedoch noch nicht völlig beseitigt werden. Die angestrebte gleichförmige Drehbewegung erzielte Watt erst mit Hilfe eines ebenfalls im wesentlichen von Murdock entwickelten Schiebers. Dieser ließ den Dampfdruck nicht nur von oben, sondern abwechselnd auf beide Seiten des Kolbens wirken, so daß dadurch, daß der Leertakt wegfiel, beide Kolbenhübe zu Arbeitshüben wurden. Das geschah in der Weise, daß sowohl der obere als auch der untere Teil des Zylinders im Wechsel mit dem Dampfkessel und Kondensator verbunden wurde. Dadurch wurde der Kolben durch den Dampfdruck abwechselnd in das untere und obere Vakuum des Zylinders getrieben und dabei Arbeit verrichtet. Somit war die doppelt wirkende „Betriebs- oder Industrie"-Dampfmaschine geschaffen, die – als Idee bereits 15 Jahre vorher ausgesprochen – wesentlich schneller, leichter und zuverlässiger lief als die einfach wirkende und – worauf es vor allem ankam – bei relativ kleinen Abmessungen unvergleichlich mehr zu leisten vermochte.

Auch mit der Eigenschaft des Dampfes, durch Entspannung Arbeit verrichten zu können, beschäftigte sich Watt schon lange Zeit. Bereits im Anspruch 4 des Patentes Nr. 913 vom 5. Januar 1769 hatte er seine Absicht bekundet, „in vielen Fällen die Expansionskraft des Dampfes zum Antrieb des Kolbens" zu nutzen. Im gleichen Jahr hatte er sich gegenüber Small, nachdem er ihn bereits vorher in einem Schreiben hatte wissen lassen, daß er die „Expansivkraft des Dampfes benutzen [will], um auf den Kolben zu drücken", über die Idee einer Expansionsmaschine geäußert:

Ich erwähnte gegen Sie ein Verfahren, das mich in Stand setzt, auf ziemlich leichte Weise die Wirkung des Dampfes zu verdoppeln, indem man die Spannkraft des Dampfes, die jetzt unbenutzt im Kondensator verloren geht, wirken läßt. Das würde aber zu große Zylinder erfordern. Die Idee ist daher am ersten für rotierende Dampfmaschinen von Bedeutung. Öffnen Sie das eine Dampfventil und lassen Sie so viel Dampf ein, bis der vierte Teil des in Frage kommenden Raumes mit Dampf gefüllt ist, schließen Sie jetzt den Dampfzutritt ab, dann wird der Dampf fortfahren, sich auszudehnen, und mit abnehmender Kraft seine Wirkung ausüben, bis er mit

einem Viertel der anfänglichen Kraftäußerung endet. Die Summe dieser
Reihe werden Sie größer finden als 1/2, obwohl nur 1/3 des Dampfes angewendet wird. Die Kraftleistung wird allerdings ungleichmäßig sein, doch
kann man diesem Übelstand durch ein Schwungrad oder auf andere Weise
abhelfen. [8]

Damit war bereits damals das Prinzip der Expansionsmaschine
ausgesprochen, die nun entwickelt wurde.
Während die Dampfkraft für den Kolbenantrieb bisher in der
Weise genutzt worden war, daß während des ganzen Arbeitshubes
Dampf in den Zylinder strömte und somit der volle Kesseldruck
während des ganzen Kolbenweges wirkte, ging Watt nun von der
ganzen Füllung des Zylinders mit Frischdampf zur Teilfüllung
über. Das geschah so, daß die Dampfzufuhr, nachdem der Kolben
etwa $\frac{2}{3}$ seines Weges zurückgelegt hatte, durch ein Ventil abgesperrt wurde und anschließend – bei gleichzeitigem Druckabfall –
allein die Expansivkraft des Dampfes den Kolben auf dem restlichen Drittel des Hubes vor sich hertrieb. Dabei wurde trotz bedeutender Dampf- und damit auch Brennstofferparnis fast die-
selbe Maschinenleistung wie früher bei voller Füllung erreicht. Auf
diese Weise näherte sich der Erfinder bereits den erst 1824 in der
Arbeit „Gedanken über die bewegende Kraft des Feuers und die
Maschinen, die fähig sind, diese Kraft zu entwickeln" geäußerten
wärmetheoretischen Erkenntnissen des französischen Ingenieur-
offiziers Sadi Carnot über die rationelle Ausnutzung der Dampfkraft [34]. Dieser war bei seinen Untersuchungen des thermischen
Wirkungsgrades von Wärmekraftmaschinen von dem Indikatordiagramm der Wattschen Expansions-Dampfmaschine ausgegan-
gen. Robert Mayer hat sich bei der Entwicklung des Gesetzes von
der Erhaltung der Energie im Jahre 1843 wiederum mit deren
mechanischem Nutzeffekt beschäftigt. Rudolf Clausius knüpfte
schließlich an Carnots Betrachtungen an und legte im Jahre 1850
dadurch, daß er diese unter Benutzung von Mayers Energieprinzip
berichtigte, den Grundstein für die mechanische Wärmetheorie oder
Thermodynamik, die die Wärme als eine Form der Energie er-
klärte. Ein beredtes Beispiel dafür, auf welche Weise die sich entwickelnden Produktivkräfte auf die Entwicklung der Wissenschaft
zurückwirken.
Als in einem Londoner Wasserwerk die erste von Watt entwik-
kelte Expansions-Dampfmaschine aufgestellt wurde, bezogen die

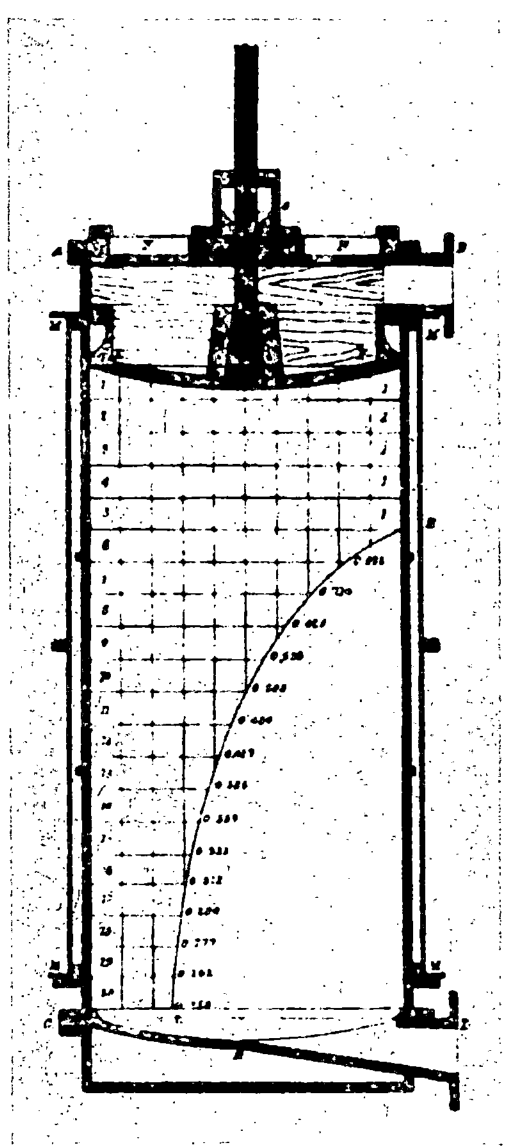

11 Watts Darstellung von der Ausnutzung der Expansion des Dampfes

Maschinenwärter dagegen Stellung, die – ungeachtet des sie wenig interessierenden höheren Kohlenverbrauches – lieber mit voller Füllung und damit „starken Maschinen" arbeiten wollten. Da die Dampfmenge des Kessels, dessen Größe für den Dampfverbrauch der Expansionsmaschine berechnet war, hierfür nicht ausreichte, ging nun Klage um Klage ein. Deshalb sah sich Watt veranlaßt, für so bedeutsam er die Expansion auch hielt, zunächst auf den Bau derartiger Maschinen zu verzichten, „bis er Wärter bekommen würde, die etwas davon verstünden" [8].

In der Folgezeit verfaßte Watt aufgrund der Bedeutung der bisherigen Entwicklung seiner Maschine zwecks Eingabe an das Parlament eine nicht minder wichtige „Spezifikation". Diese, die alle neu hinzugekommenen Verbesserungen umfaßte, wurde durch eine beigelegte Zeichnung unterstützt, aus der zu ersehen ist, daß sich der Erfinder schon damals der heute noch allgemein üblichen Form der graphischen Darstellung bediente. Auf diesen Antrag wurde ihm am 12. März 1782 das bedeutsame Patent Nr. 1321 erteilt. Der wesentliche Inhalt der dabei ausgehändigten Patenturkunde über „Gewisse neue Verbesserungen an Dampf- und Feuermaschinen zum Heben von Wasser und zu anderen mechanischen Zwecken und gewisse auf dieselben anwendbare Einrichtungen" lautet:

Ich, James Watt, erkläre hiermit: Nachstehendes ist eine Beschreibung meiner neuen Verbesserungen an Dampf- und Feuer-Maschinen und der Einrichtungen, die bei denselben Anwendung finden können.
... Meine erste neue Verbesserung besteht nun darin, daß ich den Dampf in die Zylinder oder Gefäße der Maschine nur während eines gewissen Teiles des Auf- und Niederganges des Kolbens eintreten lasse, und daß ich die federnden Kräfte, mit denen der Dampf in dem Bestreben, größere Räume einzunehmen, sich ausdehnt, dazu benutze, während der übrigen Teile des Hubes des Kolbens als Triebkraft zu dienen. Außerdem benutze ich Hebelzusammenstellungen oder andere Vorkehrungen, um zu bewirken, daß die ungleichmäßigen Kräfte, mit denen der Dampf auf den Kolben einwirkt, gleichmäßige Arbeit leisten bei dem Antrieb der Pumpen oder der anderen Maschinen, die durch die Dampfmaschine betrieben werden sollen. Hierbei sind gewisse Verhältnisse zu beachten.

Nach einer eingehenden Erläuterung der Bau- und Wirkungsweise der Expansionsmaschine wird weiter ausgeführt:

Demnach leuchtet ein, daß nur ein Viertel des zur Füllung des ganzen Zylinders erforderlichen Dampfes zur Anwendung gelangt, und daß der erzielte Effekt mehr als die Hälfte des Effekts beträgt, der durch einen ganz mit Dampf gefüllten Zylinder erreicht wird, wenn der Dampf während des ganzen Niederganges des Kolbens frei über dem Kolben zum Eintritt gelangt wäre... [11]

Weiter beschäftigt sich Watt in seiner Patentschrift vor allem mit den Mitteln, um bei der Maschine einen gleichmäßigen Gang zu erzielen, weshalb er darlegt:

Dieser wird stark durch den Umstand beeinträchtigt, daß die vom Dampf ausgeübte Kraft ungleichmäßig ausfällt, während das Gewicht [die Masse – H. L. S.] des zu hebenden Wassers und die sonst von den Maschinen zu leistende Arbeit als gleichmäßig anzunehmen ist.

Deshalb läßt er sich neben der „Ausnutzung der Expansivkraft des Dampfes sowie einigen Methoden und Apparaten, um diese Expansivkraft auszugleichen", die „doppelt wirkende Maschine, die den Kolben nicht bloß hinaus- sondern auch wieder hineinstößt", gesetzlich schützen. In diesem Zusammenhang heißt es hier:

Meine zweite Verbesserung der Dampf- oder Feuermaschine besteht darin, daß ich die Schwerkraft des Dampfes [im Sinne der Expansivkraft des Dampfes zu verstehen – H. L. S.] dazu benutze, den Kolben aufwärts und auch abwärts zu bewegen, indem ich eine Luftleere ober- oder unterhalb des Kolbens herbeiführe und den Dampf zu derselben Zeit zur Einwirkung auf den Kolben in demjenigen Teile des Zylinders bringe, der nicht ausgepumpt ist. Demnach kann eine derartig eingerichtete Maschine in derselben Zeit das Zweifache derjenigen Arbeit verrichten, die bisher von einer einfach wirkenden Maschine geleistet wird. [11]

Die dritte Verbesserung bestand darin, daß bei der zusammengesetzten oder Zwillingsmaschine Zylinder und Kondensatoren von zwei oder mehreren Maschinen durch Rohre und Ventile in Verbindung gebracht werden, „so daß die Stoßbewegung des einen Kolbens zugleich die Zugbewegung des anderen ist, wodurch eine große Kraftersparnis erzielt wird".
Die vierte Verbesserung, „die Anbringung einer gezahnten Stange anstatt einer Kette, um den Kolben mit dem Werk zu verbinden", war eine in beiden Hubrichtungen nun formschlüssige Verbindung.
An der Kette hatte der Kolben der Maschine den Schwinghebel nur herabgezogen, ohne ihn – da es sich um eine lose Verbindung handelte – wieder nach oben stoßen zu können.
Die fünfte Verbesserung bestand in der „Ausgestaltung der Dampfgefäße, indem diese entweder als hohle Zylinder oder andere regelmäßig runde Hohlkörper oder in Gestalt größerer und

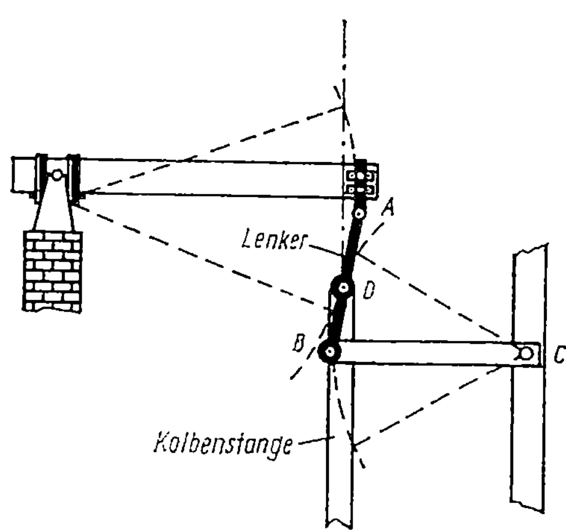

12 Eine Form des Wattschen Parallelogramms [34]

kleinerer Segmente oder Sektoren derartiger Körper ausgebildet werden".

Mit dem gesetzlichen Schutz dieses Entwicklungsstandes der Maschine war bereits viel erreicht. Trotzdem war Watt damit noch nicht zufrieden. Besonders die Verbindung der bogenförmigen Schwingung des Balanciers mit der Geradeführung der Kolbenstange bereitete ihm Kopfzerbrechen. Dieses schwierige technische Problem löste er mit einem neuen Mechanismus, den er – in mehreren Ausführungsformen vorgeschlagen – als „Parallelogramm" bezeichnete. Die Entwicklung dieser als Lenkerführung der Kolbenstange berühmt gewordenen Einrichtung hat der Erfinder als seine bedeutendste erfinderische Leistung angesehen. Selbst dreißig Jahre nach ihrer Entwicklung glaubte er seinem Sohn James noch schreiben zu können:

Obwohl ich um Ruhm mich nicht sorge, bin ich doch auf die Parallelbewegung stolzer als auf irgendeine andere Erfindung, die ich gemacht habe. [8]

Dieses „Parallelogramm", bei dem nun eine sogenannte Gelenkkette – ein System von Stangen und Gelenken – die geradlinige Bewegung der Kolbenstange auf den bogenförmig schwingenden Balancier übertrug, dürfte in Erinnerung daran entstanden sein, daß der damalige Student John Robison den seinerzeitigen Universitätsmechaniker Watt dazu angeregt hatte, durch Verwendung einer Parallelogrammvorrichtung einen „perspektivischen Zeichenapparat" zu verbessern.

Als man bald darauf im Sohoer Dampfmaschinenwerk eine doppelt wirkende Versuchsmaschine erprobte, die alle bisher entwickelten Verbesserungen enthielt, stellte sich heraus, daß diese bei gleichbleibender Belastung recht gleichförmig lief, jedoch überaus schwankende Drehzahlen aufwies, sobald während ihres Laufes von ihr durch Riemen angetriebene Arbeitsmaschinen plötzlich in Bewegung gesetzt oder ausgeschaltet wurden. Außerdem waren Dampferzeugung, Dampfdruck und Dampfzufuhr Schwankungen unterworfen. Da andererseits die von der Dampfmaschine angetriebenen Arbeitsmaschinen meist eine möglichst gleichbleibende Drehzahl forderten, entwickelte Watt – wozu er ebenfalls in einem Mühlenbetrieb angeregt worden war – nun einen als „Regulator" bezeichneten automatisch arbeitenden Fliehkraft- oder Zentrifugalregler. Das Prinzip dieses Reglers beruht auf der Fliehkraft umlaufender Schwungmassen, deren Bewegung durch ein Gestänge zuerst auf eine in der Längsrichtung der Reglerspindel verschiebbare Muffe, von hier mittels eines Hebelgestänges auf ein Drosselventil übertragen wird, durch das – je nach der Drehzahl – die Menge des eintretenden Dampfes gesteuert wird.

Danach brachte Watt zwei vom Schwinghebel bewegte Pumpen an, von denen eine die Aufgabe hatte, den Kessel mit dem notwendigen Speisewasser zu versorgen, während die andere für das Absaugen des verbrauchten Wassers – einschließlich der mitgeführten Luft – vorgesehen war.

In dieser Zeit entwickelte Watt zur Untersuchung der inneren Vorgänge im Dampfzylinder auch den Indikator. Dieser besteht aus einem Zylinder mit federbelastetem Kolben, der so an den Dampfzylinder angeschlossen wird, daß bei geöffnetem Hahn auf der einen Seite des Indikatorkolbens der Druck des Dampfes im Zylinder und auf der anderen der äußere Luftdruck wirkt. Dadurch erfährt der Indikatorkolben dem jeweiligen Druck des Dampfes entsprechend eine ganz bestimmte Verschiebung, die im vergrößerten Maße auf einen Schreibstift übertragen wird. Diesen drückt man beim Indizieren gegen den Papierstreifen einer Trommel, die unter Zwischenschaltung einer Hubverminderungsrolle vom Kreuzkopf aus hin- und herbewegt wird. Auf diese Weise entsteht das den Druckverlauf in Abhängigkeit von der Kolbenstellung

kennzeichnende Indikatordiagramm, aus dessen Fläche die indizierte Leistung errechnet wird, während aus dessen Linienzug auch auf die Arbeitsweise der Steuerorgane geschlossen werden kann.
Mit der Entwicklung dieser bedeutenden Vorrichtung, die heute noch bei der Untersuchung von Kolbenmaschinen angewandt wird, erbrachte der Erfinder auch den Beweis wissenschaftlichen Forschens nach den Vorgängen in dem Zylinder selbst.
Auf diese Weise war systematisch ein Teil um den anderen entwickelt und zu einem Ganzen zusammengesetzt worden.
Mit dieser Entwicklung, deren größte Vorteile in der größeren Regulierbarkeit und wesentlich höheren Belastungs- und Überlastungsfähigkeit bestanden, war die Erfindung der Dampfmaschine im allgemeinen abgeschlossen, und James Watt, da er den Dampf als unmittelbar treibendes und damit arbeitsleistendes Mittel auf vorher nicht gekannte Weise anwandte, nicht nur deren Vollender, sondern ihr eigentlicher Erfinder.
Nun setzte in England dadurch, daß Maschine um Maschine das Sohoer Dampfmaschinenwerk verließ, ein Siegeszug ohnegleichen ein. Nachdem 1782 die erste doppelt wirkende Dampfmaschine

13 Watts doppelt wirkende Dampfmaschine mit Fliehkraftregler, Planetenradgetriebe und Parallelogramm, die in Soho von 1783 bis 1858 in Betrieb war

mit Drehbewegung von der Firma Boulton & Watt an John Wilkinsons Bradley-Eisenwerk ausgeliefert worden war, wo sie alle durch ihre „flinken und schnellen Bewegungen ergötzte", wurde 1783 eine Fördermaschine für eine Erzgrube in Cornwall geliefert [8]. Ein diesbezüglicher Versuchsbericht aus jener Zeit lautet:

Eine Wattsche Maschine mit einem Zylinderdurchmesser von 80 cm und mit 17 doppelten Kolbengängen in der Minute verrichtet die Arbeit von 40 Pferden Tag und Nacht. Es wären also für die gleiche Arbeit zum Betrieb eines Pumpwerkes dreimal 40 Pferde = 120 Pferde nötig in 3 Schichten. Zum Betrieb der Dampfmaschine sind täglich 6000 kg Kohle nötig. Mit jedem Zentner guter Steinkohle heben diese in Bergwerken zum Pumpen des Wassers angebrachten Maschinen etwa 800 000 1 Wasser 8 m hoch herauf. [25]

Nachdem im folgenden Jahr je eine Maschine für die Ölmühle in Hull und ein Wasserwerk in London ausgeliefert worden waren, gingen weitere an Arkwright, der in Manchester eine bisher von Wasserkraft angetriebene Spinnerei besaß, so daß die Stadt bald zum Weltzentrum der Baumwollindustrie wurde. Weitere Spinnereien und Webereien, Walzwerke und Mühlen aller Art folgten. Und das, obzwar sich die Herstellung der Maschine, die nun zur allgemeinen Grundlage des Fabrikbetriebes wurde, noch überaus teuer stellte, was Watt in einem Brief an einen seiner Bekannten zu dem Geständnis veranlaßte:

Die Unkosten sind noch immer außerordentlich hoch, verschlingen fast alle Einnahmen. Wir hoffen aber doch bei ununterbrochener Aufmerksamkeit und verstärkter Herstellung der Maschine die ewige wirtschaftliche Krise zu überwinden.

In dieser Zeit wurde durch den Engländer Henry Cort die Produktionsweise von schmiedbarem Eisen durch das Puddel- und Walzen-Verfahren revolutioniert, eine Erfindung, die angesichts dessen, daß die vorher meist aus Holz hergestellten Maschinenteile nun aus Eisen gefertigt wurden, auch für die weitere Entwicklung der Dampfmaschine wie für den gesamten Maschinenbau von größter Bedeutung war. Was Wunder, wenn sich Lord Sheffield bald darauf zu der aufsehenerregenden Äußerung veranlaßt sah, daß die Erfindungen, die England James Watt und Henry Cort verdanke, den Verlust Amerikas – im Frieden von Paris hatte England 1783 die Unabhängigkeit der USA anerkennen müssen – mehr als ausgleichen würden [28].

Als Watt am 28. April 1784 das Patent Nr. 1432 auf „Gewisse
neue Verbesserungen der Feuer- und Dampfmaschine und auf
Maschinen, die durch dieselben betätigt oder bewegt werden"
erteilt wurde, fanden neben der „Dampfmaschine, die zur Beför-
derung von Personen, Waren und allen Gegenständen von Platz
zu Platz verwendet werden soll", der Regulator, das Parallelogramm sowie der die Druckverhältnisse im Zylinder aufzeichnende
Indikator als wichtigste patentrechtliche Neuerungen ihren gesetzlichen Schutz.

Im gleichen Jahr schlug der englische Premierminister William
Pitt, der im Zusammenhang mit der sich rasch entwickelnden Industrialisierung den Entwurf eines Armengesetzes vorlegte, nach
dem bereits „Kinder im Alter von fünf Jahren mit der Arbeit beginnen sollten", auf Kohle, Eisen, Kupfer und andere Rohprodukte
eine Steuer vor, die nicht weniger als eine Million Pfund Sterling
einbringen sollte. Über diese Belastung nicht wenig empört, richtete Watt an den König eine eindringliche Eingabe, in der er sich
zu der Feststellung herausgefordert sah:

Für eine Industrienation sind Steuern auf Rohprodukte Selbstmord. Be-
steuert doch den Luxus, den Genuß, das Einkommen! Es ist nicht gut, der
Henne den Hals zuzudrücken, die goldene Eier legt! [16]

Ein Standpunkt, der sich in der folgenden Zeit auch als völlig
richtig herausstellen sollte, weshalb man, weil sich Pitts Politik
nicht bewährte, zu der Lehre von Adam Smith zurückkehrte.

In der gleichen Zeit erbaute Boulton mit dem Kapital einer Gesellschaft eine ebenso teure wie bald weltberühmt werdende Ge-
treidemühle in London, um hier, im Zentrum des sichtlich auf-
blühenden Inselreiches, aller Welt vor Augen zu führen, was die
endlich vollendete Dampfmaschine – die hier aufgestellt hatte die
für die damalige Zeit gewaltig erscheinende Leistung von 50 PS
($\approx$ 37 kW) – zu leisten vermochte. In diesem auch als „Albions-
mühle" bezeichneten Betrieb, der zu einem Stelldichein der vornehmen Welt wurde, glaubte man sich – eine Mode dieser Zeit –
vor der großen Erfindung Watts treffen zu müssen. Ja, man hatte
sogar vor, hier ein großes Maskenfest abzuhalten, was den darüber
entsetzten Erfinder, dem ein derartiger Jahrmarktstrubel zuwider
war, allerdings veranlaßte, bei dem rührigen Geschäftsleiter den

Einzug der neugierigen Besucher durch folgenden energischen Einspruch zu verhindern:

Da das Dampfmaschinenwerk in Soho in der Folgezeit Maschinen für immer neue Anwendungsbereiche liefern konnte, nahm bei gleichzeitigem Kampf gegen die alten Hausgewerbe und Manufakturen die vor allem in Städten räumlich konzentrierte britische Industrie in relativ kurzer Zeit einen derart gewaltigen Aufschwung, daß nun alle anderen Länder in immer größerem Abstand zurückblieben. Nun, da aus den stets tiefer abgeteuften Gruben immer mehr Kohle und Erz gefördert wurde, konnten immer mehr Hochöfen und Eisenhütten, Tausende und aber Tausende von Spindeln und Webstühlen arbeiten, so daß die englischen Textil- und Eisenwaren bald die Märkte der ganzen Welt beherrschten. Das Sohoer Werk wurde berühmt, und Boulton und Watt, der tüchtige Unternehmer und der nicht minder große Erfinder, sahen nach vielen sorgenvollen Entwicklungsjahren mit einem gewissen Stolz auf ihre Leistung.

In dieser Zeit wenig entwickelten sozialen Gewissens, da Eisen, Kohle und Dampf den Briten ein Weltreich schufen, begann sich in Villen und auf den Landsitzen der Reichtum zu mehren, jedoch jene, die in den Fabriken mit Hilfe ihrer Hände und Hirne diesen Wohlstand hervorbrachten, merkten zum Leidwesen von Watt wenig davon. Kein Wunder, wenn der „Kopf der schottischen Historiker-Schule" und Freund von James Watt, Adam Smith, der erstmalig den Begriff „Industrie" prägte, versuchte, seine Theorie von der gesellschaftlichen Entwicklung, der sich wandelnden Produktionsweise, dem Ursprung und der Wirkungsweise der neuen industriellen Zivilisation folgendermaßen wissenschaftlich zu begründen:

höheren Schichten. Die Einkünfte, die den faulen Grundherren ein vornehmes Leben in Müßiggang ermöglichen, werden allein vom Fleiß der Arbeiter verdient. Ein Mann mit Geld erlaubt sich alle Arten niedriger und schmutziger Sinnesgenusse auf Kosten des Kaufmannes und des Handwerkers, denen er Geld gegen Zins leiht. [44]

Wohl erleichterte die Dampfmaschine in Verbindung mit den neuen Arbeitsmaschinen die Mühsal der Arbeiter dadurch, daß sich bei vielen Produktionsgängen die schwere körperliche Arbeit wesentlich verringerte. Dafür wurden die Arbeitenden bei dieser mit sozialen Verschiebungen von unerhörter Ausdehnung verbundenen gewaltigen Umwälzung, durch die die vorher mühsam erworbene Arbeitsgeschicklichkeit als einziges Kapital wertlos wurde, nun neuen ungewohnten Tätigkeiten zugeführt. Außerdem lieferte zum Beispiel eine von einer Antriebsmaschine bewegte „Jenny"-Spinnmaschine etwa sechsmal so viel wie ein Spinnrad, so daß jede neu aufgestellte Maschine dieser Art eine Reihe von Spinnern zur Arbeitslosigkeit verurteilte. Dazu kam, daß die jahrelang erlernte Handarbeit des Mannes auf einmal nicht mehr gefragt war, da zur Bedienung der neuen Arbeitsmaschine in „ungeheuren Scharen" Frauen und weit über ihre Kräfte entsetzlich mißbrauchte Kinder eingesetzt wurden. Da diese wesentlich niedriger entlohnt wurden und dadurch die Löhne der männlichen Arbeitskräfte drückten oder diese sogar verdrängten, stiegen die Profite der Fabrikanten, die am Anfang der Entwicklung meist selbst aus dem Arbeiterstand hervorgegangen und trotzdem nicht selten zu besonders harten, rücksichtslos schroffen, ja zuweilen grausamen Ausbeutern geworden waren, geradezu maßlos. Da gleichzeitig die Arbeitszeit auf vierzehn, verschiedentlich sogar auf achtzehn Stunden pro Tag verlängert wurde, verschlechterte sich außerdem die Lage des vor allem durch Enteignung von Grund und Boden angewachsenen Heeres der jeglichen Eigentums baren Proletarier außerordentlich. Deshalb begannen diese in Unkenntnis der wahren Ursache ihrer wachsenden Verelendung, die in der kapitalistischen Produktion und nicht – wie fälschlicherweise angenommen wurde – im Fabriksystem begründet lag, gegen den Einsatz von Maschinen aufzubegehren [8].
Die trotzdem unaufhaltsame industrielle Entwicklung des zur „Werkstatt der Welt" werdenden Landes kam, als vor allem in dem kohlenarmen Cornwall in den tiefen Gruben das Verdienen

der Bergwerksbesitzer und -pächter begann, auch dem Sohoer
Dampfmaschinenwerk zugute. Volle zwanzig Jahre nach der Erfindung des Kondensators begannen, nachdem die hohe Schuldenlast zusammengeschmolzen war, gegen Ende des Jahres 1785 erstmals die Einnahmen die Ausgaben zu überschreiten. Jetzt, da die
zähe Ausdauer belohnt wurde und die jahrzehntelange Sorge des
sparsamen Schotten Watt sich verflüchtigte, erfaßte angesichts der
raschen Industrialisierung ganz Großbritannien geradezu ein Tau-
mel. In dieser Zeit äußerte sich Boulton als Unternehmer begeistert:

Hätten wir 100 Rädermaschinen und 20 große fertig, wir könnten sie alle
los werden. Laßt uns Heu machen, solange die Sonne scheint!

Wie bescheiden James Watt, der die Leistungen anderer nicht genug rühmen konnte, trotz dieses Erfolges als Erfinder der jetzt
überall begehrten Maschine war, geht aus einem Antwortschreiben
an den Dichter und Arzt Erasmus Darwin hervor, der ihn als
Mitglied der „Mondgesellschaft" gebeten hatte, für seinen „Botanischen Garten" eine kurze Geschichte der Dampfmaschine zu
schreiben, soweit er an dieser selbst beteiligt gewesen war. In ihm
heißt es unter anderem:

Bei dem, was ich zu schicken gedenke, sollen Sie nicht befürchten, daß ich
mich auf Rechnungen oder Mathematik einlassen werde ... Ich werde Ihnen
einige Tatsachen mitteilen zur Erklärung einiger Warum und Weshalb,
aber ich hoffe, Ihre Zeit nur mit zwei Quartseiten in Anspruch zu nehmen.
Die Wahrheit zu sagen, obwohl ich nicht glaube, daß alle Ruhmsucht bei
mir erstorben ist, so ist doch der Wunsch nach Ehre fast gesättigt; nichts
bleibt jetzt übrig als das Verlangen nach Geld; es zu bekommen, kann ich
mir gleichwohl nicht viel Mühe geben. Ich finde nämlich, es kann weder
Gesundheit noch Glück kaufen ... Doch verspreche ich Ihnen, es nur unter
der Bedingung zu tun, daß Sie mir kein unmäßiges Lob zollen ... Bewahren
Sie die Würde eines Forschers und Geschichtsschreibers, melden Sie die
Tatsachen und lassen Sie die Nachwelt richten! Verdiene ich es, so mögen
einige Landsleute, vom Patriotismus begeistert, sagen: Dies wurde von
einem Schotten geleistet. [10]

Als Boulton und Watt im Jahre 1786 auf Einladungen hin eine
Reise nach Paris unternahmen, wo sie „eine sehr schmeichelhafte
Aufnahme von seiten der Regierung" fanden, unterbreitete man
ihnen den Vorschlag, in Frankreich einen Zweigbetrieb ihres Unternehmens zu errichten, was sie allerdings im Hinblick auf die im

Interesse ihres Heimatlandes erlassenen Bestimmungen ablehnen
mußten. Bei dieser Gelegenheit nahm Watt mit einer Reihe hervorragender Persönlichkeiten, vor allem der Wissenschaft, persönlich Verbindung auf, um Ideen auszutauschen, ein Unternehmen,
das in einem fruchtbaren Briefwechsel fortgesetzt wurde. Im Verkehr mit gelehrten Freunden überall herzlich begrüßt und gefeiert,
gestand der Erfinder in diesen für ihn so erhebenden Tagen:

Von früh bis spät werde ich mit Burgunder und unverdientem Lob trunken
gemacht. [16]

Nun da sich in Soho der materielle Erfolg einstellte, wurden auch
Boulton und Watt, der bisher, weil das Dampfmaschinenwerk
vorher keine Überschüsse erzielte, nur ein Gehalt von 330 Pfund
Sterling erhalten hatte, allmählich vermögend. Dies traf für Watt
auch insofern zu, als er jetzt anstatt mit dem ihm vertraglich zu-
stehenden Drittel zur Hälfte am Reingewinn beteiligt wurde. Eine
Situation, die in zunehmendem Maße Konkurrenten und Neider
auf den Plan rief.
Schon als Watt die ersten Jahre in Soho gewirkt hatte, war man
hier nicht ohne Sorge vor unlauterem Wettbewerb gewesen. Da
die von anderen, die – „ohne gesät zu haben" – die Früchte seiner
jahrzehntelangen Arbeit ernten wollten, heimlich nachgebauten
Maschinen schlecht arbeiten, hatte sich die Nachricht verbreitet,
die Wattsche Maschine tauge nichts, was dem Ruf des Unternehmens nicht wenig schadete. Außerdem wurden die im Sohoer
Dampfmaschinenwerk tätigen Ingenieure bestochen und die Werk-
meister betrunken gemacht, um ihnen auf diese Weise leichter die
Fabrikationsgeheimnisse entlocken zu können. Keine geringen Be-
sorgnisse hatten bei Watt von Mißgunst getriebene Ingenieure insofern längst erregt, als diese aufgrund seines weit und sehr allgemein gefaßten, dadurch andere Erfinder und damit allerdings
auch den Fortschritt hemmenden Patentes versuchten, dieses zu
durchbrechen, zu Fall zu bringen oder – wenn dies schon nicht
möglich war – durch den Bau ähnlicher Maschinen zu umgehen,
ohne es in „juristisch nachweisbarer Form" zu verletzen. Unter
dem Kampfruf „Boulton und Watt besitzen ein Monopol, das
eigentlich nur Eigentum der ganzen Welt sein darf", gingen sie,
von einer Unterschriftensammlung an das Parlament unterstützt,
zum massiven Angriff über. Andererseits war es gerade dieser

Schutz, der Watt jene ruhige und gesicherte Atmosphäre schuf, in
der sich sein schöpferischer Geist in weiteren bedeutenden Erfindungen voll entfalten konnte.

Unter dem Vorwand des Gemeinnutzes sahen sich die Gegner der
Wattschen Patente vor allem aus drei gewichtigen Gründen heraus zu dieser Auseinandersetzung gezwungen:

Das Grundpatent Nr. 913 vom 5. Januar 1769 blockierte die praktische Betätigung Dritter in der Anwendung höher gespannter
Dämpfe bei Dampfmaschinen, obzwar Watt aufgrund der ihm
bekannt gewordenen Kesselexplosion bei Smeaton und der Schwierigkeit, die einzelnen Verbindungsstellen bei der Maschine dicht
zu halten, aus einer ausgesprochenen Scheu heraus nie vorhatte,
über Dampfdrücke von 1,5 at ($\approx$ 150 kPa) hinauszugehen, zumal
die früher eher großen Kochtöpfen gleichenden Dampfkessel noch
aus Kupferblech hergestellt wurden [8].

Mit Anspruch 3 des Patentes Nr. 1321 vom Jahre 1782 wurde
auch die Entwicklung der Verbundmaschinen, bei denen der
Dampf in zwei einander nachgeschalteten Zylindern entspannt
werden sollte, durch andere ausgeschlossen, obzwar der Erfinder
diese Anordnung mit wenig überzeugender Wirkung erprobt hatte,
da infolge des niedrigen Dampfdruckes das nutzbare Druckgefälle
kaum ½ at ($\approx$ 50 kPa) betrug [39].

Und schließlich war das Sohoer Dampfmaschinenwerk ohnehin
außerstande, dem laufend lauter werdenden Ruf nach Dampfmaschinen zu entsprechen. Grund genug für die Patentgegner, aufgrund des damit offensichtlich verlegten Weges zur weiteren Entwicklung der Dampfmaschine durch Dritte gegen das „verdammte
Monopol" Sturm zu laufen, Boulton und Watt als „Monopolisten,
Tyrannen und Unterdrücker" zu beschimpfen und mit einer bestimmten Hoffnung auf Erfolg in eigens dazu angestrengte Patent-
prozesse einzutreten [10].

Die erste Patentverletzung bestand darin, daß Edward Bull eine
Maschine baute, die neben dem Arbeitszylinder einen Kondensator
besaß. Obwohl dadurch die Verletzung des Patentes augenschein-
lich war, zog Bull, von einer mächtigen Gruppe Cornwaller Ma-
schinenbesitzer dazu ermutigt, vor Gericht die Rechtskräftigkeit
des Wattschen Patentes in Zweifel, indem er behauptete, daß dessen Beschreibung für den gesetzlichen Schutz nicht ausreiche. Da
die vier Richter des Gerichtshofes in Westminster darüber geteil-

ter Meinung waren und zwei von ihnen es unter „Heranziehung scholastischer Spitzfindigkeiten" sogar fertig brachten, die Behauptung aufzustellen, daß hier eigentlich gar keine brauchbare Erfindung vorliege, konnte darüber zunächst keine Entscheidung getroffen werden. Diese wurde erst gelegentlich der zweiten Patentverletzungsklage gefällt. Dabei erwies sich der in Gemeinschaft mit Maberly stehende bekannte „Kunstmeister" Jonathan Carter Hornblower, der früher im Dienst des Sohoer Werkes gestanden hatte, als besonders gefährlicher Rivale. Er hatte 1781 eine von ihm bereits 1778 gebaute zweizylindrige Maschine patentieren lassen, bei der die Expansionskraft des Dampfes in der Weise genutzt wurde, daß er den Dampf, der zuerst in dem kleineren Zylinder Arbeit geleistet hatte, anschließend auf den Kolben des größeren wirken ließ. Außerdem hatte er bei dieser ersten Mehrfach-Expansionsmaschine, um die wörtliche Auslegung des Wattschen Patentes – Trennung von Zylinder und Kondensator – zu umgehen, den Kondensator unmittelbar an die Zylinder angebaut.

Da Watt sowohl die Nutzung der Expansion als auch die des Kondensators bei Dampfmaschinen patentrechtlich eindeutig verlegt hatte, kam es noch im letzten Jahrzehnt der Gültigkeit der Schutzfrist für seine Maschine zu ebenso schwierigen wie mit großer Erbitterung geführten Patentprozessen, bei denen der schlagfertige Boulton dem empfindsamen und deshalb oft an den nervenzehrenden Widerwärtigkeiten erlahmenden Erfinder tatkräftig zur Seite stand. Das war um so notwendiger, als sich diese prozessualen Auseinandersetzungen sehr lange hinzogen, was Watt zu der Bemerkung veranlaßte, daß sich die Rechtsanwälte wohl dazu verabredet hätten, den Prozeß zu einer „milchenden Kuh" zu machen. Immerhin brachten sie es in ihren Anwaltsrechnungen fertig, in den strittigen Jahren nicht weniger als 6000 Pfund Sterling für ihre Bemühungen zu fordern [16]. Was Wunder, wenn Watt in der Folgezeit, wenn ihm einmal eine besonders hoch erscheinende Rechnung vorgelegt wurde, scherzend zu bemerken pflegte: „Dies könnte beinahe einem Londoner Rechtsanwalt Ehre machen!" [10].

Zu diesem hohen Aufwand an Geld kam der an kostbarer Zeit, kamen die vielen damit verbundenen Aufregungen, so daß Watt, als ihm später einmal die Frage gestellt wurde, was denn in seinem Leben den stärksten Eindruck auf ihn gemacht habe, in Erinnerung daran die knappe Antwort gab: „Die Schlechtigkeit des Menschen – sie übersteigt alle Begriffe!" [20]

In diesen Auseinandersetzungen hatten die Patentverletzer vor allem gegen das entscheidende Patent von 1769 die unmöglichsten Einwendungen: daß der Text der Patentschrift nicht klar genug formuliert sei, um auf seiner Basis eine Maschine bauen zu können; daß die Größenverhältnisse von Zylinder, Kondensator und Luftpumpe zueinander nicht angegeben worden seien; daß sich bei den von Watt angegebenen Dichtungsmitteln lediglich das Tierfett bewährt habe und schließlich, daß der Erfinder der Patentschrift weder eine Zeichnung noch ein entsprechendes Modell der Maschine beigefügt habe.

Dabei hatte Watt in seiner „Spezifikation" gerade auf Anraten seiner Freunde Black und Small hin unterlassen, die Maschine näher vorzustellen, da es für Nachahmer sonst ein leichtes gewesen wäre, die gleiche Maschine „in anderen Größenverhältnissen und mit unwesentlichen Abweichungen" zu bauen, wobei sie sich, falls man sie verklagt hätte, darauf hätten berufen können, „die geschützte Maschine sei ja ganz verschieden von der ihren". Watt hatte sich in seinem nur allgemein gefaßten Patent vielmehr vor allem die Arbeitsweise der Maschine patentieren lassen, bei der der wesentlich geringere Dampf- und Kohlenverbrauch unter Berücksichtigung gewisser Grundsätze erzielt werden sollte, und in diesem Zusammenhang den Kondensator als wichtigste und ausschlaggebende Erfindung dargestellt [10].

Obwohl infolge der Monopolstellung des Sohoer Dampfmaschinenwerkes damit gerechnet werden mußte, daß sich die Richter, von denen manche Verwandte gehabt haben sollen, denen das Patent im Wege war, gegen die Klage von James Watt aussprechen würden, entschied das Gericht, da der Eigentumsbegriff und seine Unantastbarkeit im englischen Recht stark verankert waren, in erster Instanz zu Gunsten des Erfinders. Dafür war das Richterkollegium in der zweiten Instanz wieder geteilter Meinung. Nachdem die Wattgegner einen Revisionsantrag gestellt hatten und ein für diesen Prozeß eigens eingesetztes Gericht sich abermals für Watt entschieden hatte, fand im Jahre 1799, also erst ein Jahr vor Ablauf der Schutzfrist für die Wattschen Patente, das ursprüngliche Urteil auf zweifelsfreie Patentverletzung seine endgültige Bestätigung. Damit wurden alle Angriffe auf Watt abgeschlagen und seine Gegner „wegen ihres Piratentums" zu schweren Geldbußen verurteilt. Von besonderer Bedeutung für diese wichtige Entscheidung war zweifellos die Aussage von Watts Jugendfreund, dem inzwischen berühmt gewordenen Professor Robison, der – obgleich mit körperlichen Leiden behaftet – mitten im Winter von Edinburgh, wo er jetzt an der Universität wirkte, nach London geeilt war, um sich in einer ebenso entschiedenen wie leidenschaftlichen Rede hinter den Erfinder zu stellen [16].

Trotz dieses positiven Prozeßausganges war der Eindruck, den Watt in diesen Auseinandersetzungen gewonnen hatte, ausgesprochen negativ. Deshalb äußerte er sich gelegentlich, daß er „Prozesse verabscheue und eine Sache für halb verloren erachte, die vor ein Gericht müsse", da dieses nicht selten dem Unrecht zum Recht verhelfe. Außerdem gestand er aufgrund der während der Prozesse aufgetretenen juristischen Spitzfindigkeiten ebenso verärgert wie verwirrt:

Seit ich mich soviel unter den zweifelsüchtigen Gliedern der Juristenzunft bewege, ist es mir wahrhaft unmöglich, eine feste Ansicht über irgend etwas zu gewinnen! [10]

Unter jenen Zeitgenossen Watts, die sich in unglaublichsten Angriffen auf ihn ergangen hatten, befand sich auch der als geschickter Mechaniker und Erfinder bekannte Joseph Bramah, der im Prozeß als Zeuge des Wattgegners Hornblower aufgetreten war und durch eine Schmähschrift auf sich aufmerksam zu machen versuchte. In dieser hatte er Watt nicht nur „Unklarheit, unverdaute, unzusammenhängende unmögliche Ideen" vorgeworfen, sondern dessen Kondensator auch als eine „verzwickte und fragwürdige Sache" bezeichnet. Jedenfalls habe Watt „in Wahrheit nichts erfunden, als was dem Publikum mehr Schaden denn Nutzen zu bereiten geeignet" wäre [10].

Wie zählebig diese meist von Neid und Mißgunst genährten Meinungen sind, geht noch aus der acht Jahre nach Watts Tode erschienenen Geschichte der Dampfmaschine von Tredgold hervor, in der dargelegt wurde, „die Idee des Kondensators hätte auch einem anderen früher oder später kommen müssen, und die Erzgruben wären dann schon lange vor dem Erlöschen des Wattschen Patentes entwässert worden" [10].

Auch das Jahr 1788 brachte insofern schwere Sorgen, als Boulton, der sein ganzes Vermögen in die unterschiedlichsten industriellen Unternehmungen gesteckt hatte, infolge einer allgemeinen schweren Handelskrise ein finanzieller Zusammenbruch drohte und Watt, ein vorsichtiger Sachwalter seines Vermögens, wegen des vorangegangenen Kaufes eines Landgutes in Heathfield bei Birmingham zu seinem Leidwesen nicht in der Lage war, seinen früheren Förderer finanziell zu stützen. Dazu kam, daß Boulton ein schweres körperliches Leiden befiel, das sowohl seine geistige Widerstandskraft als auch sein großartiges Organisationstalent für einige Zeit lahmlegte. Dafür ging es dann mit dem Gesamtaufbau von Watts Maschine, die zunächst Balanciermaschine blieb, um so schneller voran. Während ursprünglich alle wesentlichen Baugruppen voneinander getrennt aufgestellt worden waren, gab es um die Jahrhundertwende bereits geschlossene Maschineneinheiten, bei denen der noch bis weit in das 19. Jahrhundert hinein gebaute Balancier, den man vorher aus Holz fertigte, in Gußeisen ausgeführt wurde.

Damit war, durch die jahrhundertelange mühevolle Kleinarbeit von Wissenschaftlern, Ingenieuren und Arbeitern der verschiedensten Länder vorbereitet, die dringendste Aufgabe, die Dampfkraft generell für den Antrieb nutzbar zu machen, zum Abschluß gekommen und in bewußter Orientierung auf die Bedürfnisse der wachsenden kapitalistischen Produktion ein starkes, zuverlässiges, standortunabhängiges Betriebsaggregat für die mechanisch-maschinelle Großproduktion geschaffen. Als „Folge der praktischen Bedürfnisse des Produktionsprozesses einerseits und der technischen Realisierung andererseits" ist dieses – technisch gesehen – „das gemeinsame Ergebnis empirisch-praktischer Versuche und wissenschaftlicher Überlegungen, selbst wenn die Entdeckung und Anwendung der entscheidenden wissenschaftlich-theoretischen Grundlagen – die Wärmelehre usw. – erst in das 19. Jahrhundert fielen und daher zunächst die Empirie überwog" [47]. Mit dieser „großen Potentatin der mechanischen Welt", dieser „Umgestalterin aller Werte" [13], die sich beherrschter und regulierbarer Kräfte bediente und James Watts Lebenswerk krönte, vollzog sich nun mit immer größerer Geschwindigkeit ein wesentlicher Wandel in der technischen Entwicklung überhaupt. Kein Geringerer als Karl Marx, der in der Dampfmaschine von James Watt „den Haupt-

grund des weiteren Fortschritts der fabrikmäßigen Produktion"
sah, hat in seinem großen Werk „Das Kapital" die epochale Bedeutung dieser Erfindung mit den Worten gewürdigt:

Erst mit Watts zweiter, sogenannter doppelt wirkender Dampfmaschine
war ein erster Motor erfunden, der seine Bewegungskraft selbst erzeugt
aus der Verspeisung von Kohle und Wasser, dessen Kraftpotenz ganz unter
menschlicher Kontrolle steht, der mobil und ein Mittel der Lokomotion,
städtisch und nicht gleich dem Wasserrad ländlich, die Konzentration der
Produktion in Städten erlaubt, statt sie wie das Wasserrad über das Land
zu zerstreuen, universell in seiner technologischen Anwendung, in seiner
Residenz verhältnismäßig wenig durch lokale Umstände bedingt. Das große
Genie Watts zeigt sich in der Spezifikation des Patentes, das er April
1784 nahm, und worin seine Dampfmaschine nicht als eine Erfindung zu
besonderen Zwecken, sondern als allgemeiner Agent der großen Industrie
geschildert wird. Er deutet hier Anwendungen an, wovon manche, wie
zum Beispiel der Dampfhammer, mehr als ein halbes Jahrhundert später
erst eingeführt wurden. [31]

Weitere Erfindungen, Entdeckungen und erfinderische Ideen

Außer der universell einsetzbaren Dampfmaschine verdankt die Welt – was weit weniger bekannt ist – James Watt eine ganze Reihe zum Teil wesentlicher Erfindungen, Entdeckungen und erfinderische Ideen. Allerdings stehen diese derart im Schatten seiner großen umwälzenden Erfindung, daß sie vielfach gar nicht als seine Schöpfungen bekannt geworden sind, zumal er es – bis auf Ausnahmen – unterließ, diese zu veröffentlichen oder auf sie Patentschutz zu beantragen. Er überließ diese „Kinder seiner Mußestunden", geboren aus der schöpferischen Freude am Erfinden und Gestalten, vielmehr uneigennützig der menschlichen Gesellschaft.

Bei dieser Tätigkeit zeigte sich – wie sein Freund Lord Jeffrey bei seinem Umgang mit ihm festgestellt hatte –, daß sein erstaunliches Gedächtnis durch folgende weit seltenere Fähigkeiten unterstützt wurde:

> ... alles Aufgenommene zu verarbeiten und dem früheren Wissen einzuordnen, es zu reinigen von allem Unwesentlichen und Wertlosen. Jeder neue Gedanke, den er hatte, nahm sofort die richtige Stelle ein und die passende Form an. Er ließ sich nie durch Wortgeklingel oder oberflächliche Bücher verblüffen; mit Hilfe einer Art geistiger Chemie destillierte er sofort heraus, was der Beachtung wert war, und er führte es auf seine einfachste Form zurück. [16]

Der Erfinder, dessen Erholung zeitlebens lediglich im ständigen Wechsel der Beschäftigung zu bestehen und dessen hoher, seinen Zeitgenossen weit vorauseilender Geistesflug das ganze erfinderische Feld zu durcheilen schien, äußerte sich einmal, als er gerade eine kleinere Erfindung gemacht hatte, im Vertrauen in die grenzenlosen Möglichkeiten des technischen Fortschritts:

> Ich habe die Erfahrung gemacht, daß auf dem Gebiete der Technik viel Neues zum Greifen nahe liegt. [16]

Und ein andermal betonte der rastlose Geist aus der von ihm gewonnenen Überzeugung heraus: „Die Natur kann besiegt werden; wir müssen nur ihre schwache Stelle finden!" [10]

Eine der bekanntesten dieser „Nebenerfindungen" ist wohl, wovon teilweise nicht einmal die Fachwelt weiß, die 1778 von Watt konstruierte und noch heute überall verbreitete Kopierpresse für Schriftstücke, die der Erfinder bei der Einführung seiner Dampfmaschine im Bergwerksbezirk Cornwall entwickelte, um ohne zeitraubendes Abschreiben von den fast täglich an seinen Teilhaber abgehenden Briefen eine Durchschrift zu haben. In dieser Zeit teilte er Black mit, daß er ein Verfahren entdeckt habe, „mittels dessen man einen mit einer bestimmten Tinte geschriebenen Brief kopieren" könne. Am 14. Februar 1780 patentiert und im gleichen Jahr durch Boulton in London vor Parlamentariern und der vornehmen Welt in das Geschäftsleben eingeführt, begegnete man diesem mechanischen Verfahren mit großem Mißtrauen. Man befürchtete, die Erfindung könnte vor allem zur Notenfälschung mißbraucht werden, weshalb man Boulton bei deren erster Vorstellung nicht wenig beschimpfte und den Erfinder sogar an den Galgen wünschte. Deshalb nahm diese Erfindung, von der damals nur 150 Maschinen hergestellt und verkauft wurden, davon 30 in das Ausland, nur langsam ihren Weg. Dennoch bekannte Watt 30 Jahre später, als die Maschine allgemein Eingang gefunden hatte, daß die mit ihrer Entwicklung verbundene Mühe nicht vergebens gewesen sei [10].

Im Jahre 1781 entwickelte Watt für seinen Schwiegervater MacGregor die Dampfheizung für eine Walzentrockenmaschine, die aus drei kupfernen, mit heißem Dampf gefüllten Zylindern und drei hölzernen Rollen bestand, durch die in abwechselnder Folge Wäsche hindurchgerollt wurde, eine Erfindung, die heute ebenfalls noch genutzt wird [10].

Ein Verdienst Watts besteht auch darin, daß er 1783 den Vorschlag machte, in allen Ländern ein allgemein gültiges Dezimalsystem der Maße und Gewichte einzuführen. Er hatte es schon als junger Mann beim Studium der ausländischen Literatur immer als recht hemmend empfunden, daß „zwecks Vergleichung der Größenangaben immer von einem Land zum anderen umgerechnet werden" mußte. Deshalb wurde von ihm ein Maß- und Gewichtssystem angeregt, das vom Kubikinhalt des Wassers abgeleitet werden sollte [10]. Da sich Watt über diese Vorstellung vor allem mit französischen Gelehrten, so mit Laplace, Monge, Berthollet und anderen in Briefen und anläßlich seiner Aufenthalte in Paris auch mündlich austauschte, ist sein Verdienst um die später erzielte Einigung Europas in dieser Frage wohl kaum zu bestreiten. Gerade England aber schloß sich der „Meterkonvention" von 1875 nicht an.

Watt, der mit dem Indikator auch jenes wichtige Meßinstrument entwickelt hat, mit dessen Hilfe die Vorgänge im Dampfzylinder verfolgt sowie die Leistungsfähigkeit und der Wirkungsgrad der Maschine festgestellt werden können, befaßte sich auch sehr eingehend mit der Messung der Maschinenleistung. Da hierfür bisher eine zahlenmäßige Größe fehlte, lag es nahe, wenn er, da die Dampfmaschine in den Gruben meist Pferde ersetzen mußte, die das Göpelwerk antrieben, die Maßeinheit Pferdestärke (PS) einführte. Dabei konnte er nicht ahnen, daß man einmal ihm zu Ehren im Rahmen des jetzt allgemein gültigen internationalen Einheitensystems SI das Maß „Watt" (1 W $=$ 1 N $\cdot$ m/s $=$ 1/736 PS) als allgemeine Leistungseinheit einführen würde, nachdem es vorher bereits als Einheit der elektrischen Leistung in den Wortschatz des Alltags eingegangen war.

Bei seinem Verkehr in der „Mondgesellschaft" wurde Watt mit dem großen Gelehrten Joseph Priestley, einem der Entdecker des Sauerstoffs und Verfasser einer Geschichte der Elektrizität sowie einer Reihe liberaler theologischer Streitschriften, näher bekannt. Durch ihn lernte er auch einen Versuch kennen, bei dem „eine bestimmte Mischung brennbarer und unentzündlicher Luft [eine Mischung von Wasserstoff und Sauerstoff oder von gewöhnlicher Luft und Wasserstoff] durch den elektrischen Funken entzündet wurde" [10]. Dabei wurde festgestellt, daß sich nach der Entladung an dem Glasgefäß jeweils tauähnliche Flüssigkeitströpfchen absetzten.

Diese Tatsache führte den Erfinder zu der Erkenntnis, daß das Wasser „aus trockener Luft" (Sauerstoff) und „brennbarer Luft" (Wasserstoff) besteht und damit reine Luft nichts anderes als „Wasser ohne Wasserstoff, also Sauerstoff" sein mußte und „räumte somit mit der Vorstellung auf, daß das Wasser ein Element sei" [10].

Diese Theorie über die Bestandteile des Wassers legte Watt im Jahre 1783 Joseph Priestley in einem Brief auseinander, der dazu bestimmt war, vor der angesehensten Londoner Gelehrtengesellschaft, der Royal Society, vorgelesen zu werden. Dies geschah

allerdings erst im April 1784. Inzwischen – im Januar des gleichen
Jahres – hatte jedoch der Chemiker Henry Cavendish, nachdem
er vorher ebenfalls entsprechende Versuche angestellt und deren
Ergebnisse veröffentlicht hatte, ohne Watt zu nennen, die Auffassung, daß Wasser aus Wasserstoff und Sauerstoff bestehe, bereits
an die Gelehrtenwelt weitergegeben. Daraufhin wurde er von
Watt des wissenschaftlichen Diebstahls seiner Idee beschuldigt,
wovon auch folgende briefliche Bemerkung Zeugnis ablegt:

Ich hatte, wie andere große Männer, die Ehre, mir meine Idee gestohlen
zu sehen. Nachdem ich meinen ersten Aufsatz über den Gegenstand schrieb,
setzte Dr. Blagden (Cavendishs Freund und Vermögenserbe) meine Theorie
Herrn Lavoisier in Paris auseinander. Bald darauf erfand Lavoisier sie
selber und las einen Aufsatz über den gleichen Gegenstand vor der Königlichen Akademie der Wissenschaften. Seitdem hat Herr Cavendish eine
Abhandlung vor der Königlichen Gesellschaft über die gleiche Idee vorgelesen, ohne mich im mindesten zu erwähnen. Lassen Sie uns beide immer
in unserer Vorwurfslosigkeit verharren und solche Verfahren verachten. [10]

Während auf diese Weise Watts Entdeckung streitig gemacht und
Cavendish in den Lehrbüchern als der erste Entdecker der Zusammensetzung des Wassers bezeichnet wurde, sprachen François
Arago, später auch Justus von Liebig und andere Autoritäten
Watt die Priorität zu. Sie beruhigten sich erst, als sich der jedem
Ruhm abholde Erfinder nach Jahren äußerte:

Es ist doch gewiß einerlei, wer früher den Bestand des Wassers entdeckt
hat. Hauptsache bleibt, daß wir diesen Bestand jetzt wissen und die Nutzanwendung daraus ziehen können. [17]

Zur gleichen Zeit beschäftigte sich Watt – durch Boultons Interesse dazu angeregt – an den Abenden derart intensiv mit der Problematik des fahrbaren Dampfwagens, daß seine diesbezüglichen
Zeichnungen und Berechnungen bald einen „ganzen Quartband"
füllten. Der Grundgedanke dieses Projektes, das der Erfinder
schon von allem Anfang an für höchst bedeutungsvoll hielt, bestand darin, „eine gewöhnliche Dampfmaschine mit einem gewöhnlichen Wagen in Verbindung zu bringen". Das grundsätzlich
Neue bestand dabei darin, daß die von ihm selbst konstruierte
Kurbelwelle, die bereits bei der Handdrehbank, dem Spinnrad
und Schleifstein Anwendung fand, durch den Kolben der Dampfmaschine bewegt werden sollte. Es wird in einer „Siebenten
Patentschrift" von 1784 beschrieben als

Prinzip und Konstruktion einer Dampfmaschine, die mit einem Rädergestell in Verbindung gebracht und imstande ist, Personen und Frachtgüter von einem Platz zum anderen zu befördern.

Auch der Entwicklung des Dampfschiffes, für dessen Antrieb er – wie bereits berichtet – Boulton die Zeichnung einer Schiffsschraube vorgelegt hat, die – auf die gleiche Art ausgeführt – heute noch verwendet wird, schenkte Watt zeitweise seine Aufmerksamkeit.

Obwohl Watt auch in der Folgezeit an der weiteren Vervollkommnung seiner Dampfmaschine arbeitete und ihn geschäftliche Sorgen nicht wenig belasteten, fand – wie aus seiner umfangreichen Korrespondenz hervorgeht – der wohl kaum jemals wirklich ruhende Erfinder nach wie vor in der Lösung neuer Probleme seine eigentliche Entspannung. So stellte er in Zusammenarbeit mit Southern für die verschiedenen in Soho hergestellten Maschinentypen Rechenformeln zur Abmessung voneinander abhängiger Größen auf, entwickelte eine Reihe heute noch im Gebrauch befindlicher Gerätschaften, so mit dem Perspektograph eine Vorrichtung zum Übertragen und Vergrößern von perspektivischen Zeichnungen, von denen er selbst 80 in „alle Teile der Welt" absetzte, und einen Apparat, um mittels des Fernrohres Entfernungen messen zu können.

Watt, der sich bei allem, was er sah, stets die Frage stellte, ob nicht daran noch etwas besser gestaltet werden könne und dabei fast immer eine Lösung fand, verbesserte während seines Einsatzes als Feldmesser Nivellierinstrumente, entwickelte das prismatische Mikrometer, eine Teilungsschraube, die ein Zoll in 1000 Teile teilte. Er verbesserte den von seinem Landsmann John Napier erfundenen Vorläufer unseres heutigen Rechenschiebers [10]. Watt entwarf für sich, da er außerstande war, bei seinem „armseligen Licht" an den Abenden zu arbeiten, eine Studierlampe, die lange Zeit in den Sohoer Werken hergestellt wurde, jedoch erst ein Jahrhundert später in Deutschland als „Moderateurlampe" zu großem Ansehen kam. Außerdem beschäftigte er sich lange Zeit mit der Konstruktion einer sehr einfachen Rechenmaschine zum Multiplizieren und Dividieren [10].

Dazu kam, daß man sich, wenn irgendwo im Lande Schwierigkeiten technischer Art auftraten, einfach an Watt wandte, was den berühmten Physiker Humphry Davy veranlaßte, bewundernd festzustellen: „Man bestellt bei Watt Erfindungen, wie beim Schneider einen Rock." [18]

So trat man an ihn heran, als die Wasserleitung der Glasgower nicht durch den Fluß Clyde geführt werden konnte, weil „das Flußbett von Schutt, Treibsand und anderen Hindernissen voll war und noch den Druck einer beträchtlichen Wassermenge auszuhalten" hatte. In diesem Falle fand Watt eine Lösung dadurch, daß er Saugrohre konstruierte, die durch Gelenke verbunden waren. In diesem Zusammenhang entwickelte er auch flexible Röhren aus einer elastischen, unlöslichen Masse, die vielfach angewendet wurden.

Aus dem Bemühen heraus, durch die Verbesserung der Kesselfeuerungen eine möglichst rauchfreie Verbrennung zu erzielen und die Städte wenig durch Rauchwolken zu belästigen, schlug Watt als Neuheit außerdem vor:

Gewisse neuerdings entdeckte Methoden, Heizkessel zu bauen, um Wasser oder andere Flüssigkeiten zu kochen und in Dampf zu verwandeln, die in Dampfmaschinen eingebaut und auch zu anderen Zwecken benutzt werden können, auch zum Erhitzen und Schmelzen von Metallen und Erzen, bei denen auch die Rauchbildung auf ein geringes Maß beschränkt wird.

Auf diese Entwicklung erhielt Watt am 14. Juli 1785 das letzte von ihm beantragte Patent.

Auch der Hinweis, die Heizfläche der Wasserrohrkessel durch den Einbau röhrenförmiger Feuerzüge zu vergrößern und dadurch bei gleichbleibendem Umfang die Leistungsfähigkeit zu erhöhen, stammt von Watt, ein Gedanke, der später aber anderen die Erfindung des Röhrenkessels eintrug. Dazu kommen die Entwicklung des Manometers, des an Stelle von Probierhähnen angewandten Wasserstandsglases für Kessel und des Vakuummeters für den Kondensator.

Im Jahre 1788 ersann er, wie aus einer Mitteilung an seinen Freund Black hervorgeht, ein neues Instrument, mit dem es auf einfache Weise ermöglicht wurde, das „spezifische Gewicht" (die Dichte) von Flüssigkeiten zu ermitteln. Es bestand aus einer sich in zwei Äste gabelnden Glasröhre, bei der die Mündung des einen Astes auf die Einheitsflüssigkeit, die andere auf jene Flüssigkeit gesetzt wurde, die zu bestimmen war. Standen dabei ursprünglich die beiden Flüssigkeitsspiegel gleich hoch, so traten, sobald man oben an dem gemeinsamen Stiel saugte, die Flüssigkeiten in die

Äste der Röhren ein, und zwar die leichtere der Flüssigkeiten höher, die schwerere weniger hoch. Errechnete man daraufhin, wie oft die Höhe der niederen Flüssigkeitssäule in der der höheren enthalten war, so stand die Dichte der zu bestimmenden Flüssigkeit fest [10].

Danach führte Watt, als er anläßlich seiner im Jahre 1802 durchgeführten zweiten Reise nach Paris durch seinen Freund, den berühmten Chemiker Claude Louis Berthollet, die bleichende Wirkung des Chlors kennengelernt hatte, bei seinem Schwiegervater MacGregor die Chlorbleiche in der Gewebeindustrie ein [10].

Da auch damit die Spannweite der erfinderischen Aktivität von James Watt immer noch nicht erschöpft ist, muß uns das geistige Schöpfertum des Erfinders, der zu den größten gezählt wird, die die Geschichte der Technik kennt, geradezu unerschöpflich erscheinen.

Die letzten Lebensjahre des Erfinders

Nach Ablauf des in harten Patentkämpfen verfochtenen und gerichtlicherseits wiederholt anerkannten Hauptpatentes und des zwischen James Watt und Matthew Boulton geschlossenen Gesellschaftsvertrages im Jahre 1800 zog sich der weltberühmt gewordene Erfinder im Alter von 64 Jahren auf seinem Landgut Heathfield bei Birmingham, Grafschaft Staffordshire, in das Privatleben zurück, um an dem nun von wirtschaftlichen Sorgen freien Lebensabend seinen eigenen Neigungen leben zu können. Im Alter von vierzig Jahren mit dem achtundvierzigjährigen Boulton zur gemeinsamen Arbeit angetreten, legte er nach einem Vierteljahrhundert ebenso aufreibender wie erfolgreicher Zusammenarbeit seine Verantwortung in dem inzwischen in aller Welt bekannt gewordenen Sohoer Dampfmaschinenwerk in die Hände seiner Söhne James und Gregory. Und diese schienen sich, nachdem sie seit Jahren in die einzelnen Zweige des weiterhin von Boulton geleiteten Betriebes eingeführt und damit auf diese verantwortungsvolle Arbeit hervorragend vorbereitet worden waren, zur Freude des Erfinders auch zu bewähren.

Auf diesem stillen, bescheidenen Landgut pflegte der greise Erfinder, bei dem sich jetzt die ihn seit Kindheit fast ständig begleitenden Kopfschmerzen völlig verloren, nicht nur seinen von schönen alten Bäumen bestandenen und einer englischen Wiese durchsetzten Garten. Er, der das seltene Glück hatte, die Früchte seines Schaffens genießen, auf eine gesicherte Lebensarbeit zurückblicken und deren weltweite Auswirkung erleben zu können, nahm nun – ungehindert von irgendwelchen geschäftlichen Rücksichten –, indem er Anregung gab und nahm, lebhaften Anteil an der Entwicklung von Wissenschaft, Technik und Literatur.

Besonderes Interesse hatte Watt verständlicherweise an der Weiterentwicklung seiner zum gewaltigen Rüstzeug des Fortschritts und Allgemeingut der Welt gewordenen größten Erfindung, der von ihm zur Praxisreife entwickelten und universell einsetzbaren Dampfmaschine. Dabei konnte er in einer Zeit, da nach dem Fall

der Patentfessel sich allenthalben die Erfindertätigkeit regte, zu
seiner großen Befriedigung feststellen: Er hatte die Dampfmaschine in einer Vollendung hinterlassen, daß – obwohl eine
Hochflut neuer Erfindungsgedanken einsetzte – seinen Nachfahren
auf diesem Gebiet „nur noch die weitere Ausbildung der Einzelheiten ohne Hinzufügen neuer Teile" vorbehalten blieb und deren
Arbeit somit „mehr oder weniger nur die äußere Formgebung, die
Anwendung der einzelnen Teile zueinander und deren Gestaltung"
betraf [12, 8]. An dem Wesen der von ihm geschaffenen Maschine,
der er in seinen Patenten ein weites Gebiet erschlossen hatte,
änderte sich kaum etwas, wie er zu seiner Genugtuung auch wahr-
nehmen konnte, daß fast alle hierbei getroffenen Maßnahmen von
ihm bereits erwogen oder angewandt worden waren. Was Wunder, wenn man feststellte:

Mit der Durchdringung der Details und einer an prophetische Intuition
streifenden Macht des Fernblickes hat sein Genius nichts unberührt gelassen, was seitdem die Theorie und Praxis beschäftigt hat. [18]

Watt erlebte, nachdem das Sohoer Dampfmaschinenwerk bis zum
Jahre 1800 annähernd 500 Maschinen ausgeliefert hatte, von denen
62 Prozent mit Drehbewegung – vor allem in der Textilindustrie –
und die restlichen als Hubmaschinen vorrangig für die Wasserhaltung eingesetzt wurden, wie man nach dem Erlöschen des
Grundpatentes zur Gründung einer Reihe von Dampfmaschinen-
fabriken schritt [39]. Er verfolgte, wie die Maschine nun über
Englands Grenzen hinaus den Weg in die Welt nahm, auch nach
Deutschland, wo im Jahre 1800 von dem Engländer Beildon in
der Berliner Porzellan-Manufaktur die erste einfach wirkende
Maschine mit Drehbewegung aufgestellt wurde.
Watt entging nicht, wie bei gleichzeitiger, durch die Anpassung an
den praktischen Betrieb bewirkter Auslese der Bauformen die
Maschine auch ständig ihr Arbeitsgebiet erweiterte und wie sie in
ihrer Ausführung nun einfacher, kleiner und stabiler wurde. Der
wesentlichste Schritt aber war die schon kurz nach 1800 durch
den amerikanischen Ingenieur Oliver Evans und den schottischen
Konstrukteur Richard Trevithick vorgenommene Weiterentwicklung zur Hochdruck-Dampfmaschine, deren Dampfdruck anfangs
freilich auch nur 4 at (= 400 kPa) betrug [9]. Watt, dem die Entwicklung dieser Maschine durch Trevithick lange vor Ablauf seines

Patentes bekannt geworden war, hatte aus seiner immer noch heillosen Angst vor höheren Dampfdrücken heraus voller Empörung geäußert, man solle ihn hängen, denn „einen solchen Dampfdruck zu verwenden, hieße, die Menschen morden, die mit der Maschine zu tun hätten". Trevithick traf dieses ungewohnte Urteil Watts um so härter, als er in ihm vor allem einen Konkurrenten zu sehen glaubte, der ihm aufgrund seines Patentes nur „diesen Weg verlegen" wollte [15].

Nun nur noch aus Stahl und Grauguß hergestellt, wurde die Dampfmaschine dadurch, daß bald darauf der Schwinghebel, der bisher die Wand des Maschinenhauses als Auflage benötigte, wegfiel, von diesem unabhängig. Die Umformung der Bewegung erfolgte nun in der Weise, daß die Hin- und Herbewegung des Kolbens und der Kolbenstange mit Hilfe von Pleuel- oder Schubstange und Kurbel – das Patent Pickards auf die Kurbel war bereits 1794 abgelaufen – auf die rotierende Welle übertragen wurde. Außerdem ordnete man den Zylinder der meisten Maschinen nun waagerecht an. Durch diese Verbesserungen erlangte sie, zumal sich dadurch auch ihr Wirkungsgrad erhöhte, auf vielen Gebieten wachsende Bedeutung.

Nachdem Richard Trevithick 1803/04 die erste Schienenlokomotive der Welt entwickelt hatte, verkehrte im Jahre 1807 das von dem Amerikaner Robert Fulton gebaute erste brauchbare Dampfschiff, der Raddampfer „Clermont", auf dem Hudson zwischen New York und Albany. So führte die Maschine von James Watt, der bereits in seinen Patentschriften von 1769 und 1784 an ihre Verwendung in motorisch betriebenen Fahrzeugen gedacht hatte, auch im Verkehrswesen zur größten wirtschaftlichen und kulturellen Umwälzung seiner Geschichte. Damit begann sie, nachdem sie auch zur allgemeinen Grundlage des sich entwickelnden Maschinenbaues geworden war, in Verbindung mit einer Vielzahl neuer Arbeitsmaschinen eine zentrale Stellung einzunehmen. Jedenfalls gab es in der Folgezeit wohl kaum eine technische Errungenschaft, an deren Zustandekommen sie aufgrund ihrer allgemein befruchtenden Wirkung nicht in irgendeiner Weise beteiligt war. Sie wurde zur „ungekrönten Königin" aller Antriebsmaschinen.

Dies alles miterlebt, gelang es Watt nach der Devise „ohne Steckenpferd, was ist da das Leben?" auch in dieser Zeit nicht, sich von der schöpferischen Arbeit fernzuhalten. Bis ans Ende

seiner Tage war es ihm ein selbstverständlich empfundenes Bedürfnis, mit Hand und Kopf zu arbeiten. Deshalb hatte er sich „zu seinem Handgebrauche" auf seinem Landgut mit einer kleinen Schmiede und einer im ersten Stockwerk errichteten Werkstatt sein „eigenes Reich" geschaffen. Hier, wo er, wie Smiles berichtet, nach all den ruhelosen und schweren Jahrzehnten möglichst ungestört und sorgenlos Versuche und Studien verschiedenster Art anstellen zu können glaubte, befaßte er sich – wobei es Außenstehenden unerklärlich erschien, woher er die Kraft für die Bewältigung seines Arbeitspensums nahm – noch mit einer Reihe von Problemen, sehr zum Leidwesen seiner streng auf Sauberkeit bedachten Frau, die ihn nicht gern in Arbeitskleidung sah und auch sonst empfinden ließ, „was er an Margaret Miller verloren hatte" [10]. Arbeitsfähig zu jeder Stunde des Tages und in der Nacht, beschäftigte sich Watt in diesen Jahren vor allem mit der Entwicklung einer für Bildhauer gedachten Skulptur-Kopierfräsmaschine für die getreue Nachbildung von Erzeugnissen der bildenden Kunst, insbesondere von Medaillen und Büsten aus Metall, Holz, Stein und Elfenbein. Dabei verschenkte er manches damit hergestellte Produkt als – wie er zu scherzen pflegte – „Versuche eines jungen Künstlers, der kaum erst achtzig Jahre alt" geworden sei [13].
Aber auch am Schreibtisch war Watt, wie sein leider bisher nur zum Teil veröffentlichter Briefwechsel verrät, in dieser Zeit oft zu finden. Hier sah er sich nicht selten von den zu ihm pilgernden jungen und alten Gelehrten und Studenten umgeben, die in ihm, dem stets einfach gekleideten Mann, an dem außer den großen grauen Augen, dem langen hageren Gesicht mit dem schmalen Mund und seiner weichen schottischen Sprechweise nichts Auffälliges war, stets einen guten Ratgeber und entgegenkommenden Freund fanden [13, 23]. Ja, sein Heim, in dem er ursprünglich bescheiden sein restliches Leben verbringen wollte und nun – wie wenige Männer aus der Welt der Erfindungen – weltweite Anerkennung genoß, wurde in dieser Zeit, da er die Gesellschaft besonders liebte, geradezu zu einem Sammelpunkt seiner zahlreichen Verehrer. Dies um so mehr, als der Erfinder auch wissenschaftliche Entdeckungen gemacht hatte, die allgemeines Staunen hervorriefen und sich die nie verlorene Lust am Fabulieren noch verstärkte. Es war, als ob er bei größter sprachlicher Virtuosität „den inneren Reichtum seines Geistes, den er nicht mehr auf Erfindun-

gen verwandte, auf diese Weise ausströmen lassen müßte" [28].
Lord Jeffrey, der ihm in diesen Jahren besonders nahe stand,
wußte darüber im einzelnen zu berichten:

... Dabei dürfen jene, die in Watt den Erfinder der Dampfmaschine er-
blicken, nicht übersehen, daß derselbe Genius sich in die tiefsten Geheim-
nisse der Philosophie versenken, daß derselbe von den schwierigsten Untersuchungen über Geologie und Astronomie, über den Bau und die Form
des Weltalls herabsteigen konnte zu einem nicht minder ernsten Gespräch
über die Herstellung eines Nagels oder einer Nadel, um wieder zu den
letzten Fragen der Kunst, zu den Schönheiten der klassischen Literatur
und in die entlegensten Gebiete der Wissenschaft emporzusteigen... Er
stellte mit Recht wissenschaftliche Entdeckungen über jeden anderen Besitz
und hielt den Ruhm des Entdeckers für so heilig, daß er stundenlang über
solche strittige Fragen reden konnte; und wenn sein Blut einmal jäh auf-
wallte, so war es deswegen, weil er jemanden von einem anderen in seinen
Rechten benachteiligt sah oder wenn plumpe Schmeichelei ihm etwas zu-
messen wollte, was ihm nicht gebührte... Die Schatzkammern seines Geistes waren unermeßlich, und erstaunlicher als dies war, daß er über sein
Wissen zu jeder Zeit verfügen konnte. Immer schien es, als hätte er den
Gegenstand, über den er sich gerade unterhielt, erst kürzlich genau studiert.
Ohne Stocken und Abbrechen entströmte ihm, was er sagte, in einer Fülle,
mit einer Bestimmtheit und Klarheit, als sei er gerade auf diesem Gebiete
Fachmann. Daß er über Physik und Chemie umfassende Kenntnisse besaß,
ist selbstverständlich, aber erstaunen müssen wir, wenn wir bei einem solchen Mann auch gediegene Kenntnisse in Archäologie, Metaphysik, Etymo-
logie, Architektur, Musik und Gesetzeskunde finden. Man war erstaunt,
wenn man hört, daß der große Ingenieur eine stundenlange Unterhaltung
führen konnte über die metaphysischen Theorien der neueren deutschen
Philosophen oder über die Versmaße und Stoffgebiete der deutschen Dichtungen... Oft kam es vor, daß man aus seinen kurzen und markigen
Ausführungen mehr lernte als aus den dickleibigen, langweiligen Original-
schriften, denn seine Auszüge waren kristallheller, durch intensives Studium
gewonnener letzter Extrakt; vor seinem scharfen Geist und geistigen Auge
schrumpfte alles auf seinen wahren Wert zusammen... Es ist nicht erst nötig, daß ich hinzufüge, daß bei solchen Geistesanlagen und Schätzen eine
Unterhaltung mit ihm in ungewöhnlichem Grade bereichernd und belehrend
war; sie besaß außerdem all den Zauber des Freundlichen, Gefälligen, An-
heimelnden... Dazu besaß er einen aus dem Innersten kommenden ruhigen
Humor, der sich durch alle seine Gespräche hindurchzog. Oft erzählte er
eine Anekdote mit einem ruhigen Lächeln auf seinem heiteren Gesicht,
bisweilen durchwürzte er die Unterhaltung durch Scherze... Alles Vorlaute,
Anmaßende war ihm ein Greuel, alles Betrügerische, Verlogene entlarvte
er durch sein männliches, unerschrockenes Auftreten. Er achtete die Ge-
fühle derer, die mit ihm zu tun hatten; für junge Leute hatte er immer
ein Wort der Aufmunterung bereit und half ihnen, wenn sie ihn um Rat
und Unterstützung angingen. [16]

Und der dem Erfinder ebenfalls verbundene große Dichter Walter Scott, der sich vor allem an der Originalität der von Watt erdachten Märchen ergötzte und der Überzeugung war, dieser wäre wohl sein „größter Mitbewerber geworden, wenn er nicht vorgezogen hätte, Maschinen zu erfinden", wußte aus jener Zeit mitzuteilen:

... Watt liebte es, wenn sich heitere und angeregte Gesellschaft in Heathfield ... zusammenfand. Je lebendiger im reichen Kreise die Unterhaltungen, je bunter und abenteuerlicher die Erzählungen waren, welche befreundete heimkehrende Geschäftsreisende, Seeleute und Sportsmänner auftischten, um so mehr wurde der Greis von der Inspiration erfaßt, um so wahrscheinlicher und detaillierter wurden die Historien, mit denen er sie übertrumpfte. Das Detail seiner Mitteilungen, die Eigennamen, mit denen er sie ausschmückte, die technische Genauigkeit in der Beschreibung der Lokalitäten, in die er nach und nach den Schauplatz seiner Erzählungen verlegte, gaben diesen so den Anschein des wahrhaftigsten Lebens, daß niemand einen Zweifel an denselben äußerte oder auch nur sich selbst gestattete. [18]

Als der gesellige Erfinder einmal, während er vor lauschenden Zuhörern mitten im Erzählen „ungewöhnlich langsam eine übergroße Anzahl von Prisen" nahm, von einem seiner ständigen Besucher gefragt wurde, ob er ihnen eben nicht eine von ihm erfundene Geschichte erzähle, erwiderte er lächelnd:

Dieser Zweifel setzt mich in Erstaunen. Seit vielen Jahren habe ich das Glück, meine Abende mit Ihnen zuzubringen und tue nichts anderes. Hat man wirklich aus mir einen Nachfolger Robertsons und Humes machen wollen, während mein bescheidenes Streben nur dahin ging, zuweilen auf Nebenpfaden der Prinzessin Scheherazade nachzuwandeln? [18]

War es angesichts dieser heiteren Lebenseinstellung im Alter und der nicht wenig bestaunten besonderen Charaktereigenschaften ein Wunder, wenn der alte weise Mann mit vielen anderen schöpferischen Geistern, an denen England damals so reich war, manchmal bis tief in die Nacht hinein plauderte, so daß seine gestrenge und etwas geizige Frau zuweilen den Diener anwies, einfach die Zuleitung zu dem von Murdock erfundenen Gaslicht auszuschalten, um die Versammelten auf diese Weise zu veranlassen, ihre Gespräche zu beenden! Zweifellos ein Eingriff in seine Lebensumstände, für den der Erfinder jedoch stets ein nachsichtiges Lächeln hatte [10].
Zuweilen durchbrach Watt, dessen lebendiger Geist bei allen, die ihm begegneten, Bewunderung erregte, die räumliche Abgeschie-

denheit. So zog es ihn jährlich mindestens einmal nach London, wo er, während er auf Schritt und Tritt feststellen konnte, wie seine Dampfmaschine allmählich das gesamte Leben umgestaltete, mit großem Interesse die Schaufenster der Buchhandlungen betrachtete. Im Jahre 1802 begab er sich zunächst nach Belgien, um dann abermals nach Paris zu reisen und hier seine alten Beziehungen zu berühmten Gelehrten zu erneuern. Darüber hinaus brachten kleine Reisen nach seinem geliebten Schottland eine weitere Abwechslung in das Leben des überall gefeierten Erfinders, der geradezu zum Mittelpunkt der für Fortschritt, Wissenschaft, Kunst und Technik arbeitenden Kreise geworden war [13].

Obzwar sich Watt einen ruhigen Lebensabend gewünscht hatte, blieb er auch jetzt nicht von Sorgen verschont. So hatte sein damals auf dem europäischen Kontinent weilender Sohn James als Anhänger der französischen Revolution bereits eine für ihn gefährliche Rolle gespielt. Nachdem er als Freund von Georges Jacques Danton und dessen Gegner Maximilien de Robespierre zwischen beiden ein Duell vereitelt hatte, dann von letzterem als englischer Spion verdächtigt und zur Flucht gezwungen worden war, wurde er schließlich in England von Edmund Burke, der früher ebenfalls gegen das Dampfmaschinenpatent seines Vaters gearbeitet hatte und als Wortführer der um ihre politische Vorherrschaft besorgten und jeder revolutionären Neuerung feindlichen englischen Oberschicht aufgetreten war, als Jakobiner denunziert. Dies hatte aber weiter keine Folgen. James starb 1848 kinderlos.

Große Sorgen bereiteten dem Erfinder die an Lungenschwindsucht erkrankten Kinder aus zweiter Ehe, Jessy und Gregory. Nachdem Jessy bereits in jungen Jahren dem tückischen Leiden zum Opfer fiel, folgte ihr 1804 auch sein Lieblingssohn Gregory, „ein herrlich aufgeblühter, mit allen Gaben des Körpers und Geistes ausgestatteter Jüngling" [10]. Deshalb gründete Watt in dem Bestreben, weiterhin an der Veränderung der Welt im Sinne des Fortschritts zu wirken, in Gemeinschaft mit einem Arzt auf eigene Kosten in Bristol ein Ambulatorium, in welchem mit Hilfe des heute als Pneumothorax bezeichneten Verfahrens Versuche zur Heilung der Schwindsucht angestellt wurden. Allerdings blieben diese zunächst ohne Erfolg, da man den Erreger dieser Krankheit noch nicht kannte [17].

Auch daß, nachdem John Roebuck unbeachtet und schmerzhaft
empfindend, daß er „eine Erfindung in der Hand gehabt hatte",
die nun viel Gewinn einbrachte, bereits 1794 verstorben war, später auch seine Freunde Erasmus Darwin, Joseph Black und John
Robison folgten, berührte ihn tief. Und als im Jahre 1809, zu
einem Zeitpunkt, da in England bereits 5000 Wattsche Dampfmaschinen liefen, auch Matthew Boulton aus dem Leben schied,
der auf geschäftliche Tätigkeit nicht hatte verzichten können, bis
ihn ein altes Leiden an das Krankenlager fesselte, da vergaß er
bei aller Erschütterung nicht, gegenüber dessen Sohn und Nachfolger Matthew Robison Boulton die hervorragende Persönlichkeit
seines ehemaligen Teilhabers und Freundes mit den Worten zu
würdigen:

Wenige Menschen haben seine Fähigkeiten besessen, und noch weniger
haben sie angewandt, wie er es getan hatte. Nehmen wir seine Leutselig-
keit, seine Großmut und seine Liebe zu seinen Freunden, so haben wir
einen Charakter, der selten seinesgleichen hat. [8]

In der Folgezeit verdüsterte sich dem einsam Gewordenen zuweilen das Gemüt, so daß er sich, wie er bekannte, „wie ein hilf-
los unter Fremden Ausgesetzter, als der Sohn einer längst ent-
schwundenen Zeit" fühlte [16].
Dazu kam, daß in dieser Zeit der Kampf für und gegen die
Maschinen die Gemüter erhitzte. Die Maschinen gestatteten den
Unternehmern den Einsatz weniger qualifizierter und damit billi-
gerer Arbeitskräfte, vor allem von Frauen und Kindern. Die dadurch wachsende Verelendung der arbeitenden Menschen führte zu
einer von John Ludd geleiteten Massenbewegung. Deren Haß und
Empörung richtete sich, da man immer noch nicht erkannte, daß
nicht die Maschine, sondern die auf kapitalistische Weise betrie-
bene Produktion die wahre Ursache dieser Entwicklung war,
gegen Maschinen aller Art, da sie als gefährlichster Konkurrent
des zum Fabrikarbeiter gewordenen Handwerkers erschienen. Deshalb kam es vor allem in den Jahren 1811/16 in den durch mas-
senweise Zuwanderung vom Lande sprunghaft angewachsenen
Fabrikstädten – insbesondere in der Grafschaft Nottingham – zu
Ausschreitungen von elementarer Gewalt. Dabei wurden unter
dem Jubel großer Menschenmassen Maschinen zerschlagen, Ingenieure, die die maschinelle Technik in den Betrieben einführten,
geprügelt oder erschlagen und ganze Fabriken in Brand gesetzt

oder zerstört. Der größte Haß der zur Verzweiflung Getriebenen richtete sich dabei gegen den „König Dampf" und damit gegen die Dampfmaschine, deren eiserne Arme – wie man wußte –, wenn sie erst einmal zur Ruhe gebracht wurden, auch den Stillstand der von ihnen angetriebenen Arbeitsmaschinen bedeuteten. Deshalb gingen die Unternehmer zum unmittelbaren Angriff auf das Proletariat über und riefen nach der rücksichtslosen Anwendung des bereits 1769 vom Parlament erlassenen Gesetzes, das für Maschinenstürmerei die Todesstrafe forderte.

Diese Entwicklung, die das soziale Gewissen aufzurütteln begann, bedrückte Watt um so mehr, als er gerade durch die Entwicklung seiner Dampfmaschine, die in den ertrinkenden Bergwerken zuerst lediglich erhalten half, was ohne sie verloren gegangen wäre und damit nur das Erworbene verteidigte, den arbeitenden Menschen das Leben erleichtern und bereichern wollte. Und geradezu entsetzt war er, als die Unternehmer mit Hilfe der Dampfkraft die alten Gewerbe vernichteten oder sie vom Grund aus so umgestalteten, daß Hunderttausende zur Arbeitslosigkeit verurteilt waren [8].

Watt mußte erkennen, daß der wissenschaftlich-technische Fortschritt in einer antagonistischen Gesellschaftsordnung, wie sie in England herrschte, einerseits den Profit der Unternehmer erhöhte, andererseits aber das Elend der Massen vergrößerte und damit die sozialen Konflikte verstärkte. Ein Erfinder aber konnte sich nur mit der Bourgeoisie verbinden oder selbst zum Unternehmer werden, selbst wenn er – wie Watt – ein Humanist bleiben und durch die Förderungen des Fortschritts das soziale Elend vermindern wollte.

In dieser Situation neigte er im besonderen Maße dazu, Gutes zu tun und verwandte einen großen Teil seines Vermögens zu gemeinnützigen Zwecken. So besagt die Urkunde des für die Universität Glasgow gestifteten „Watt-Preises", der für die besten wissenschaftlichen Arbeiten in der Mechanik, Chemie und Physik verliehen werden sollte:

Ich möchte einen Beweis meines Gedenkens und meiner Dankbarkeit geben und gleichzeitig einen Ansporn zu emsigem Forschen und Streben unter den Studenten der Glasgower Universität, deren Existenz mir von größerer Bedeutung zu sein scheint als die Englands, denn eine Nation ist in weitem Maße von den Errungenschaften von Wissenschaft und Kunst abhängig.[16]

Seiner Vaterstadt Greenock übergab er eine größere Geldsumme zur Gründung einer wissenschaftlichen Bibliothek, um wiederum vor allem der Jugend „eine Quelle, aus der sie Belehrung schöpfen" könne, zu geben, die zu einer wertvollen Ergänzung des Watt-Instituts, des geistigen Zentrums von Greenock, werden sollte. Manche weitere Stiftung von Watt ist aufgrund seiner Bescheidenheit und seiner krankhaften Scheu vor der Öffentlichkeit wohl gar nicht bekannt geworden.

In dieser Zeit, da die industrielle Revolution in England ihrer Vollendung zustrebte, überhäuften den Erfinder viele gelehrte Gesellschaften mit Ehrungen. Während ihm die Universität Glasgow, deren chemisches Laboratorium bereits seinen Namen trug, den Ehrendoktor verlieh, die Gesellschaft der Wissenschaften in Edinburgh und die Royal Society in London ihn zu ihrem Mitgliede beriefen, ernannte ihn die französische Akademie der Wissenschaften zu einem der acht korrespondierenden Mitglieder. Außerdem trug ihm die englische Regierung als Auszeichnung für alle seine Verdienste den Adelstitel an, den er ebenso ablehnte wie den eines Sheriffs.

So lebte James Watt, während er mit großem Interesse, aber auch voller Sorge die Kriege der europäischen Völker, die Siege, den Ruhm und schließlich den Sturz Napoleons verfolgte, bis zuletzt im Vollbesitz seiner großen geistigen Fähigkeiten, in der Gewißheit, sein Lebenswerk vollbracht zu haben. Und dies um so mehr, als auf dem gleichen Fluß Clyde, an dessen Ufer er als Junge geangelt hatte, im Jahre 1812 die von ihm erfundene Dampfmaschine das erste Schiff der zwischen Greenock und Glasgow errichteten ersten Dampfschiffahrtslinie Europas bewegte und damit in der Seefahrt eine neue Ära einleitete.

Im Sommer 1819 befiel den greisen Erfinder eine leichte Erkrankung, die ursprünglich zwar harmlos erschien, von Watt jedoch, der rückschauend „nichts zu bereuen und vorwärtsblickend nichts zu befürchten" hatte, als „Vorbote des nahen Todes" begriffen wurde [16]. Am 19. August des gleichen Jahres, in dem das erste mit einer Maschine und teilweise noch mit Segeln ausgestattete große Dampfschiff „Savannah" den Atlantik von Europa nach Amerika in 29 Tagen überquerte und James Watt damit den Beginn der Eroberung des Ozeans noch erleben durfte, schlief er nach einem an schöpferischer Arbeit und großen Erfol-

124

gen reichen Leben, von Millionen betrauert, in seinem Heim in Heathfield, ohne ein schwereres Leiden gehabt zu haben, im Alter von 83 Jahren ein.

Tage später wurde er im Dorf Handsworth Church bei Heathfield an der Seite des 10 Jahre vorher gestorbenen Matthew Boulton, mit dem er als Teilhaber und Freund ein Vierteljahrhundert Schulter an Schulter gearbeitet und gekämpft hatte, zur letzten Ruhe bestattet, wobei der Premierminister selbst die Trauerrede hielt. Er hinterließ eine Welt, die sich in hohem Maße dadurch gewandelt hatte und vor noch ungeheureren Wandlungen stand, daß durch seine ungewöhnliche Lebensleistung die vorher so wenig beherrschte Kraft des Dampfes mit großem Nutzen in den Dienst der Menschheit gestellt worden war.

Das Urteil der Mit- und Nachwelt, die den weltberühmten Erfinder und Entdecker als Gelehrten wie Mechaniker, als großartige Persönlichkeit mit außerordentlichen Fähigkeiten wie als „Mittelpunkt des geistigen Lebens Schottlands" feierte und dessen ihm zu Ehren im ursprünglichen Zustand erhaltenes Arbeitszimmer in Heathfield zu den „geweihten Stätten der Nation" gezählt wird, ist einhellig.

Der Dichter Walter Scott feierte den „Mann der strengen und nüchternen Wissenschaft und Technik", dessen unerschöpfliche geistige Fähigkeit ihn faszinierte, mit den Worten:

Dieser gewaltige Beherrscher der Elemente, der die Zeit und den Raum verkürzt hat, dieser Zauberer, dessen Maschine einen Wechsel in der Welt hervorgerufen, von dem wir, bei seiner ganz ungewöhnlichen Wirkung, nicht nur allem Anschein nach erst den Anfang erleben, dieser Mann ist nicht nur ein hervorragend gründlicher Gelehrter mit der fruchtbarsten Kombinationsgabe für die Verwertung von Kräften und die Benutzung von Zahlenwerten, die sich auf praktische Anwendung beziehen, sondern auch einer der besten und liebenswürdigsten Menschen. [23]

Und seit dem Tage, da man dem großen Erfinder Englands aus Dankbarkeit für seine einmalige Lebensleistung in der Westminster-Abtei in London zwischen Königen, ruhmreichen Staatsmännern, Heerführern und berühmten Dichtern ein von der Hand des berühmten Bildhauers Chantrey gestaltetes überlebensgroßes Marmorstandbild errichtete, kann jeder an dessen Postament in goldenen Lettern die eindrucksvollen Worte seines Freundes Lord Brougham lesen:

Nicht um eines Mannes zu gedenken, der alle Zeiten überdauern wird, in denen friedliche Künste blühen, sondern um zu zeigen, daß die Menschen gelernt haben, diejenigen zu ehren, welche ihres Dankes am würdigsten sind, haben der König, die Minister und viele Adlige und andere Bürger des Königreiches dieses Denkmal für

J a m e s W a t t

errichtet, der die Kraft seines ursprünglichen Genius, frühzeitig erprobt an wissenschaftlicher Forschung, der Vervollkommnung der Dampfmaschine widmete, die Hilfsquellen seines Landes vermehrte und die Kraft des Menschen steigerte und sich damit unter den leuchtenden Vertretern der Wissenschaft und den wahren Wohltätern der Menschheit für immer einen Ehrenplatz erworben hat.[16]

Zeittafel

<table>
<tr><td>1. Jh.</td><td>Der griechische Mathematiker und Physiker Heron von Alexandrien entwickelt einen mit Rückstoß arbeitenden Reaktionsball, bei dem die kinetische Energie des Dampfes zur Erzeugung einer Drehbewegung für technische Spielereien verwendet wird.</td></tr>
<tr><td>1519</td><td>Der italienische Maler, Gelehrte und Ingenieur Leonardo da Vinci hinterläßt den Entwurf eines Zylinders, in dem mittels Dampfkraft ein Kolben bewegt werden sollte.</td></tr>
<tr><td>1623</td><td>In England erfolgt die Einführung von Patenten zur Wahrung der Erfinderrechte.</td></tr>
<tr><td>1629</td><td>Der italienische Gelehrte und Baumeister Giovanni Branca fertigt einen Motor an, bei dem der in einem Gefäß erzeugte Wasserdampf als Strahl gegen die Schaufeln eines Rades mit senkrechter Achse strömte und diese in drehende Bewegung versetzte.</td></tr>
<tr><td>1643</td><td>Der italienische Gelehrte Evangelista Torricelli entdeckt mittels seines Barometers das Vorhandensein des Luftdruckes.</td></tr>
<tr><td>1661</td><td>Der Magdeburger Bürgermeister und Physiker Otto von Guericke stellt bei Versuchen fest, daß der atmosphärische Druck gegenüber dem Vakuum Arbeit zu verrichten vermag und entwickelte die erste atmosphärische Kolbenmaschine.</td></tr>
<tr><td>1662</td><td>Der Engländer Robert Boyle stellt die Abhängigkeit des Luftvolumens vom Druck fest.</td></tr>
<tr><td>1673</td><td>Der holländische Physiker Christian Huygens nutzt die Explosionskraft des Pulvers zur Erzeugung eines luftleeren Raumes in atmosphärischen Kolbenmaschinen.</td></tr>
<tr><td>1681</td><td>Der französische Physiker Denis Papin erfindet den Dampfdruck-Kochtopf mit Sicherheitsventil.</td></tr>
<tr><td>1690</td><td>Denis Papin entwickelt eine atmosphärische Feuermaschine mit Zylinder und Kolben und leitet damit das Zeitalter der Dampfmaschinentechnik ein.</td></tr>
<tr><td>1698</td><td>Der englische Ingenieur Thomas Savery baut eine kolbenlose Dampfpumpe zum Wasserheben in Bergwerken.</td></tr>
<tr><td>1711</td><td>Der Engländer Thomas Newcomen konstruiert eine atmosphärische Feuermaschine mit gesondertem Kessel und Einspritzkondensation.</td></tr>
<tr><td>1728</td><td>Großunternehmer und Ingenieur Matthew Boulton geboren.</td></tr>
<tr><td>1733</td><td>Der englische Arbeiter John Kay erfindet den Schnellschützen am Webstuhl.
Der englische Erfinder John Wyatt baut das Modell einer Spinnmaschine, auf die Lewis Paul 1738 ein Patent erhält.</td></tr>
</table>

1736	19. Januar, James Watt in Greenock bei Glasgow geboren.
1763/66	Der russische Wärmetechniker I. I. Polsunow entwickelt eine zweizylindrige atmosphärische Feuermaschine für Gebläseantrieb. Der französische Artillerieingenieur Nicolas Joseph Cugnot erprobt den ersten Straßen-Dampfwagen mit atmosphärischer Maschine.
1764	Der englische Weber James Hargreaves baut die „Jenny"-Spinnmaschine.
1769	James Watt wird die einfach wirkende Niederdruck-Dampfmaschine mit gesondertem Kondensator patentiert. Bei ihr wird erstmalig der Dampf unmittelbar zum Antrieb genutzt. Der englische Unternehmer Richard Arkwright erhält sein erstes Patent auf eine Spinnmaschine. Erlaß eines Gesetzes in England, das jede Handlung gegen den Einsatz von Maschinen verbietet.
1774/77	Der Engländer Samuel Crompton konstruiert die „Mule"-Spinnmaschine.
1775	Der englische Ingenieur John Wilkinson baut eine Bohrmaschine für Dampfmaschinenzylinder.
nach 1776	Einführung der einfach wirkenden Dampfmaschine von James Watt als Pump- oder Wasserhebemaschine.
1784	James Watts doppelt wirkende und universell einsetzbare Dampfmaschine mit Drehbewegung wird als allgemeine Antriebsmaschine für die maschinelle Großproduktion patentiert.
1785	Der Engländer Edmund Cartwright erfindet den mechanischen Webstuhl. In Hettstedt im Mansfeldischen wird die erste aus deutschen Werkstoffen gebaute einfach wirkende Niederdruck-Dampfmaschine Wattscher Bauart als Pumpmaschine in Betrieb genommen. Aufnahme des Flammofenfrischens (Puddeln) zur Erzeugung schmiedbaren Eisens durch den Engländer Henry Cort; Beginn der modernen Walzwerktechnik.
Ende d. 80er Jahre	Watts Mitarbeiter William Murdock baut das Modell eines Dampfwagens mit einem Antrieb, der in seiner Bauart der Dampfmaschine von James Watt entspricht.
1792	William Murdock verwendet erstmalig Gas für Beleuchtungszwecke.
nach 1800	Der amerikanische Ingenieur Oliver Evans und der englische Erfinder Richard Trevithick entwickeln die Hochdruck-Dampfmaschine. In der Berliner Porzellan-Manufaktur wird die erste doppeltwirkende Niederdruck-Dampfmaschine Deutschlands in Betrieb genommen.
1803	Richard Trevithick erhält ein Patent auf die „Konstruktion von Dampfmaschinen, ihre Anwendung zum Ziehen von Wagen und zu anderen Zwecken".
1804	Trevithick setzt die erste Eisenbahn-Lokomotive der Welt auf einer Plattenspurbahn in Bewegung.

1804   Der amerikanische Mechaniker Robert Fulton baut das erste
        Dampfschiff und erprobt es auf der Seine bei Paris.
1807   Der von Robert Fulton gebaute Raddampfer „Clermont" führt
        auf dem Hudson (USA) eine Jungfernfahrt von 270 Kilometern
        durch.
1809   Matthew Boulton gestorben.
1811   Henry Bell läßt sein Dampfschiff „Comet" auf dem Clyde vom
        Stapel laufen und richtet später zwischen Glasgow und Greenock
        einen Dampffährdienst ein.
1814   Der englische Erfinder George Stephenson konstruiert und er-
        probt seine erste Dampflokomotive.
1815   Der tschechische Mechaniker Josef Bożek baut ein Dampfauto-
        mobil.
1819   Jungfernfahrt des Dampfschiffes „Savannah" von Amerika nach
        England.
        19. August, James Watt in Heathfield gestorben.
1835   Eröffnung der ersten deutschen Eisenbahnlinie zwischen Nürn-
        berg und Fürth.
1839   Der Engländer James Nasmyth entwirft den Dampfhammer.
1842   Der deutsche Arzt Julius Robert Mayer entdeckt das Gesetz
        von der Erhaltung der Energie.
1852   Der Franzose Henry Jacques Giffard versucht einen Flug in
        einem lenkbaren Ballon mit Dampfmotor.
1862   Der französische Ingenieur Beau de Rochas beschäftigt sich
        in einer technisch-wissenschaftlichen Schrift im wesentlichen mit
        der Verbesserung der Wärmeausnutzung bei Dampfmaschinen
        und Lokomotiven.
1880   Der schwedische Ingenieur Carl Gustave de Laval baut eine
        Dampfturbine mit 40 000 Umdrehungen in der Minute.
1892   Der Deutsche Wilhelm Schmidt entwickelt mit Hilfe des Dampf-
        überhitzers die Heißdampfmaschine.

Literatur (Auswahl)

[1] O. v. Guericke: Experimenta nova … Amsterdam 1672. Dt. Ausgabe: Neue (sogenannte) Magdeburger Versuche über den leeren Raum. Übers. u. hrsg. von H. Schimank. Düsseldorf 1968. Buch 3, Kap. 28.

[2] Beschreibung der Hochfürstlich-Schwarzenbergischen Feuer-Maschine. In: Das merkwürdige Wien, Frankfurt/Leipzig 1744.

[3] Fr. W. Nettebohm: Sammlung von Zeichnungen einiger ausgeführter Dampfkessel und Dampfmaschinen, nebst Beschreibung derselben. Berlin 1841.

[4] Leibnizens und Huygens' Briefwechsel mit Papin. Hrsg. von E. Gerland. Berlin 1881.

[5] A. Schroot: Der Dampf. Eine Darstellung des Zeitalters der Dampfmaschine. Stuttgart 1884.

[6] F. Reuleaux: Kurzgefaßte Geschichte der Dampfmaschine. Braunschweig 1891.

[7] A. Ernst: James Watt und die Grundlagen des modernen Dampfmaschinenbaues. Zeitschrift des Vereins Deutscher Ingenieure 40 (1896).

[8] C. Matschoß: Die Entwicklung der Dampfmaschine. Berlin 1908.

[9] Ruhmesblätter der Technik. Leipzig 1910.

[10] G. Biedenkapp: James Watt und die Erfindung der Dampfmaschine. Biographische Skizze. Stuttgart 1911.

[11] M. Geitel: Die Geschichte der Dampfmaschine bis James Watt. Leipzig 1913.

[12] A. Rotth: James Watt – Schöpfer der Dampfmaschine. Dinglers polytechnisches Journal 334. Bd. (1919) S. 185–187.

[13] C. Matschoß: James Watt. Nachrichten-Zeitung des Vereins Deutscher Ingenieure 1924, Nr. 147.

[14] Nägel: Besuch in Soho Foundry in Birmingham, wo James Watt seine erste Dampfmaschine baute. Nachrichten-Zeitung des Vereins Deutscher Ingenieure 1927, Nr. 17.

[15] C. Matschoß: James Watt (1736–1819). Vorläufer und Mitarbeiter, die Männer um die Dampfmaschine. In: C. Matschoß, Große Ingenieure, München 1927, S. 81–103.

[16] A. Carnegie: James Watt. Die Lebensgeschichte des Erfinders der Dampfmaschine. Übers. von J. Grabisch. Berlin 1927.

[17] A. Felitce: James Watt. Übers. von N. Dück. Charkow 1928.

[18] M. M. V. Weber: Der Schöpfer der Dampfmaschine. James Watt als Märchenerzähler. Der Schatzgräber 1929, Heft 2, S. 17–23.

[19] C. Weihe: James Watt als Erfinder. Jahresbericht des physikalischen Vereins zu Frankfurt/M. 1929, S. 53–55.

[20] C. Weihe: Ein Patentprozeß vor 140 Jahren. Deutsche Technik 1935, S. 313 ff.

[21] James Watt. Technik für Alle 1935, S. 312 ff.

[22] F. Hassler: Otto v. Guericke und James Watt, zwei große Männer in der Geschichte der Dampfmaschine. Technik voran 1936, S. 75–81.

[23] Th. Wolff: Bergbau und Dampfmaschine. Zum 200. Geburtstag James Watts. Braunkohle 1936, S. 17–25, 33–39.

[24] H. Schult: Die Entwicklung des Dampfkraftwerkes. In: Technikgeschichte, Jahrbuch des VDI, Berlin 1941, S. 17 ff.

[25] H. Peugler: James Watt, der Schöpfer der modernen Industrie. Ausbau 1951, S. 721–741, 801–815.

[26] B. G. Kuznecov: Die Entwicklung der Wärmekraftmaschinen. Moskau 1953.

[27] A. Kauffeldt: Otto von Guericke. Leipzig 1982.

[28] A. Verleger: Das Wunder aus dem Nichts. Wie die Dampfmaschine entstanden ist. Frankfurt/M. 1955.

[29] H. Raulien: Die Dampfmaschine. Ihre Bedeutung für die Entwicklung der Technik und menschliche Gesellschaft. Leipzig 1956.

[30] C. Gr. v. Klinckowstroem: Austernschälen und Galläpfel. Wie man vor 175 Jahren kopierte. Eine Erfindung von James Watt. Büromarkt 1956, Nr. 2, S. 58 ff.

[31] K. Marx und Fr. Engels: Werke. Berlin 1958/64.

[32] J. Kuczynski: Die Geschichte der Arbeiter unter dem Kapitalismus. Berlin 1960/72.

[33] K. Göldner: Der „Zentrifugalregulator" von Watt und die moderne Regelungstechnik. Wissenschaft und Fortschritt 1964, S. 173–177.

[34] H. Friedt: Zur Geschichte der Dampfmaschine. Berlin 1964.

[35] A. Sworykin u. a.: Geschichte der Technik. Dt. hrsg. von R. Ludloff. Leipzig 1967.

[36] K. Borchardt: Probleme der ersten Phase der industriellen Revolution in England. Vierteljahr-Schrift für Sozial- und Wirtschaftsgeschichte 55 (1968) S. 1–62.

[37] Beiträge zur Geschichte der Produktivkräfte. Freiberger Forschungshefte, Freiberg 1964/77.

[38] H. H. Wille: PS auf allen Straßen. Berlin 1968.

[39] R. Roosen: Watts Pioniertat und die weitere Entwicklung der Dampftechnik; W. Treue: Wirtschaftliche und soziale Auswirkungen der Erfindung Watts. In: Abhandlungen und Berichte Deutsches Museum München, München 1969, S. 24–53.

[40] B. G. Kuznecov: Von Galilei bis Einstein. Entwicklung der physikalischen Ideen. Berlin 1970.

[41] Schicksale großer Erfinder. Hrsg. von I. Ivanov. 2. Aufl. Berlin 1970.

[42] I. Asimov: Biographische Enzyklopädie der Naturwissenschaften und Technik. Freiburg/Basel/Wien 1973.

[43] Enzyklopädie der Technikgeschichte. Über 7000 Jahre frühe technische Kultur. Text und Kapiteleinleitung: H. F. Döbler. Stuttgart 1973.

[44] F. D. Klingender: Kunst und industrielle Revolution. Dresden 1974.

[45] W. Conrad: Erfinder, Erforscher, Entdecker. Berlin 1977.

[46] J. Kuczynski: Vier Revolutionen der Produktivkräfte. Berlin 1975.

[47] Brentjes/Richter/Sonnemann: Geschichte der Technik. Leipzig 1978.

Personenregister

(Die Namen der Erfinder und Naturwissenschaftler sind mit Lebensdaten
versehen)

Ebenfalls in dieser Reihe erschienen:

Biographien hervorragender Naturwissenschaftler, Techniker und Mediziner

BAND 51

Prof. Dr.-Ing. Hanns Richter-Meinhold

Henry Bessemer – Sidney Gilchrist Thomas

98 Seiten mit 10 Abbildungen
Kartoniert 4,80 M, Ausland 6,80 M
Bestell-Nr. 666 039 7   Bestellwort: Richter, Bessemer/Thomas

Inhalt:

Eisen und Stahl

Henry Bessemer:
Familienverhältnisse, Jugend und erste Erfindungen · Die Entstehungsgeschichte des Bessemerprozesses · Plötzliches Versagen des Bessemerprozesses und Beseitigung der Fehler · Vielseitige Verwendung des Bessemerstahles · Die Verwendung von Mangan bei der Stahlherstellung · Einführung des Bessemerprozesses in den USA und auf dem Kontinent · Die Überlegenheit des Bessemerprozesses und seine Auswirkungen · Bessemers letzte Erfindungen

Sidney Gilchrist Thomas:
Jugend und erste Berufstätigkeit · Das Problem der Entphosphorung von Bessemerstahl · Erste Erfolge · Beschreibung des basischen Prozesses · Triumph bei der gesamten Fachwelt · „Die Herstellung von Stahl und Weicheisen aus phosphorhaltigem Roheisen" · Der weitere Lebensweg von Thomas

BSB B. G. TEUBNER VERLAGSGESELLSCHAFT LEIPZIG